어승생오름, 자연을 걷다

"이 연구는 재단법인 이니스프리모음재단의 연구비 지원을 받아 수행되었습니다."

"This research has been supported by the Innisfree Moeum Foundation."

어승생오름, 자연을 걷다

초판 1쇄 발행 2023년 11월 10일

지은이 김은미 송관필 안웅산 조미영
그림 송유진
자문 임재영   **감수** 이남호 송관정 이상순
펴낸이 안병현 김상훈
본부장 이승은   **총괄** 박동옥   **편집장** 임세미
책임편집 한지은   **디자인** 서윤하
마케팅 신대섭 배태욱 김수연 조윤선   **제작** 조화연

펴낸곳 주식회사 교보문고
등록 제406-2008-000090호(2008년 12월 5일)
주소 경기도 파주시 문발로 249
전화 대표전화 1544-1900   **주문** 02)3156-3665   **팩스** 0502)987-5725

ISBN 979-11-7061-047-2 (03470)
책값은 표지에 있습니다.

어승생오름, 자연을 걷다

글 김은미 송관필 안웅산 조미영

그림 송유진

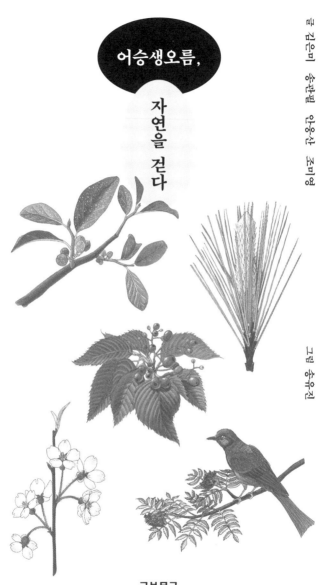

교보문고

파란 하늘 아래 제법 높이 솟아오른 이 초록의 어승생오름은

때로는 아스라이 구름에 둘러싸이고

©임재영

때로는 울긋불긋 천연의 색으로 물들며

ⓒ 임재영

또 때로는 하얀 이불을 덮습니다.

이 오름엔 과연 몇 번의 계절이 지나갔을까요.
이 책은 어느 사계 동안 지질학자, 식물학자, 동물학자,
그리고 여행작가가 모여 제주의 자연과 생태를 고스란히 품은
어승생오름을 관찰한 이야기입니다.
이 이야기를 통해 오름이라는 우주를 만끽할 수 있길 바라 봅니다.

＊ part 1 ＊

island story

섬

이야기

파랗고 거대한 바다 위에 솟아 있는 작은 섬
아름다운 자연의 시작을 만나다.

island
01

섬 이야기
첫 번째

화산에서 태어난 섬

태초에 지구는 뜨거운 별이었다. 붉은 별이 푸른 별로 변하기까지 걸린 시간은 수십억 년. 그 긴 시간 동안 수많은 화산 폭발과 지각 변동을 거치며, 식고 차가워지고 줄어들고 오그라들기를 반복해 지금의 지구가 됐다.

그런 지구에 속해 있는 작은 땅, 한반도는 약 30억 년 간 무수한 지각 변동에 의해 충돌과 이동의 과정을 거치면서 땅이 불쑥 솟기도 하고 움푹 패기도 하며 산과 계곡을 만들었다. 거기에 지표의 암석들이 깎이고 또 쌓이는 풍화와 침식의 과정을 통해 완성됐다. 그럼 제주는 언제, 어떻게 만들어졌을까?

지금으로부터 약 180만 년 전 유라시아 대륙 연변부의 얕은 바다인 대륙붕에서 거대한 화산 활동이 일어났다. 화산이 분출하자 지구 내부의 물질들이 땅을 뚫고 올라와 쌓이기 시작했고, 그 결과 동서 길이 74킬로미터, 남북 길이 32킬로미터, 면적 1,850제곱킬로미터의 길쭉하고 완만한 타원형의 땅이 만들어졌다. 그게 바로 제주다. 한반도가 오랜 기간 깎이며 만들어진 지형이라면 제주는 땅에서 솟아난 물질들이 쌓여 만들어진 지형이라고 할 수 있다.

제주에 한 발짝 더 들어가 보자. 제주 중앙에는 해발고도 1,950미터에 달하는 한라산이 솟아 있다. 그리고 그 주변으로 450여 개의 작은 화산체가 분포한다. 이들 작은 화산체는 제주 탄생 180만 년의 역사를 생생하게 보여 주는 흔적이기도 하다. 나무의 나이테처럼 각각의 화산들은 화산 활동의 기록인 동시에 땅의 근원을 알려 주는 증거가 된다. 제주 사람들은 이 작은 화산체들 중 주변 지형보다 뚜렷이 솟아오른 360여 개의 지형을 '오름'이라 불렀다.

　　제주는 현무암으로 이루어진 화산체라는 점에서 종종 미국의 하와이와 비교되곤 한다. 규모 면에서 두 섬은 차이가 크다. 하와이는 약 5킬로미터 깊이의 태평양 한가운데 위치하고 있다. 하와이를 구성하는 화산 물질들로 폭과 높

그림 1.1　남쪽에서 바라본 제주 ⓒ임재영

이가 각각 1킬로미터인 방벽을 쌓는다면 지구를 한 바퀴 두르고도 남을 만큼 어마어마한 규모다. 이에 비해 제주는 주변 바다의 깊이가 100~150미터 정도로 얕은 대륙붕에 위치한다. 화산 물질의 부피 또한 약 600세제곱킬로미터 정도로 하와이에 비하면 매우 작다. 그럼에도 불구하고 제주를 하와이와 비교하는 건 두 섬 모두 검은색의 현무암으로 이루어진 바다 한가운데 있는 화산섬으로, 유사한 경관을 가졌기 때문이다.

하지만 좀 더 들여다보면 엄연한 차이가 있다. 하와이

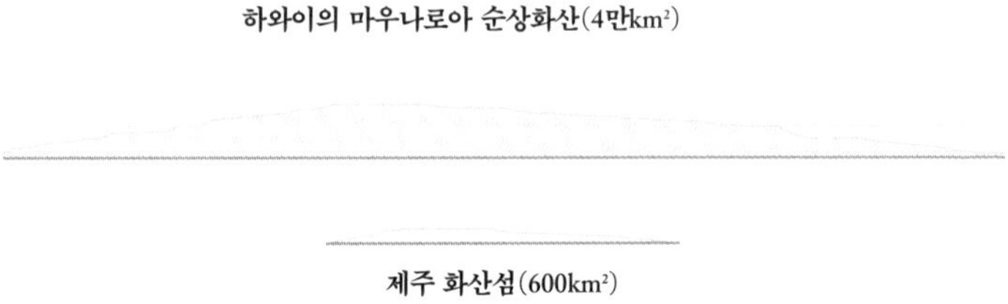

하와이의 마우나로아 순상화산(4만km²)

제주 화산섬(600km²)

그림 1.2 하와이 마우나로아 순상화산과 제주 화산섬 비교

는 섬 대부분이 현무암으로 이루어진 반면, 제주는 해안 낮은 지대에는 현무암이 분포하고, 섬의 중심부인 한라산 고지대로 가면서 조면안산암, 조면암, 유문암과 같은 밝은 색을 띠는 다양한 암석들이 분포해 다양한 풍경을 보여 준다는 점에서 그렇다.

오늘날 제주는 한반도로부터 분리된 섬이지만 지금으로부터 약 2만 1,000년 전인 마지막 빙하기 때만 해도 한반도와 제주는 걸어서 오갈 수 있었을 것으로 추정한다. 당시 해수면은 지금보다 약 120미터 정도 낮았기 때문이다. 이렇게 낮았던 해수면은 이후 점차 상승했고 약 6,000년 전부터 지금과 같은 높이의 해수면이 형성되면서 오늘날의 제주 화산섬이 완성됐다.

어떤 땅은 깎이고, 또 어떤 땅은 솟아나고 쌓여서 만

들어진다. 우리가 밟고 있는 땅, 그리고 푸른 별 지구 위에
형성된 수많은 땅들은 각자의 이야기로 이루어진 셈이다.

island
02

섬 이야기
두 번째

돌의 생애

제주 바다와 맞닿은 땅 끝 해안을 보고 있자면 마치 한 폭의 풍경화처럼 아름답다. 이 풍경화를 더욱 돋보이게 해 주는 건 역시 검은 현무암! 에메랄드빛 바다와 파란 하늘 사이사이를 거칠지만 감각적으로 장식하고 있는 검은색의 현무암은 때로는 용의 모양으로, 때로는 산의 형상으로 한 폭의 그림에 화룡점정이 되어 준다. 제주의 바다가 유난히 맑고 푸른 것도 어쩌면 이 검고 구멍이 송송 뚫린 현무암 덕분 아닐까.

제주에 가면 발에 채는 게 돌이다 보니 돌의 생애까지 생각해 본 사람은 드물겠지만 하나의 돌이 탄생하기까지의 과정은 제법 지난하다.

제주에 있는 돌들의 여정은 지하 90~110킬로미터 길이의 상부 맨틀이 녹아 형성된 현무암질 마그마에서부터 시작된다. 저 까마득한 지하 깊숙한 곳이 돌들의 고향인 셈이다. 돌이 되려면 마그마가 컴컴한 지하를 빠져나와야 하는데 말이 쉽지 이 과정이 만만치가 않다. 단순하게 사람이 좁은 동굴 깊숙한 데서 빠져나오는 모습을 떠올려 보자. 돌벽에 어깨를 부딪치고, 울퉁불퉁한 바닥에 발을 헛딛거나 떨어지는 물에 젖으며 좌충우돌할 수밖에 없을 것이다. 마그마 역시 마찬가지다. 지표로 상승하던 마그마는 지하에서 정체되기도 하고 혹은 다른 마그마와 서로 섞이고(혼합), 마

그림 1.3 월정리의 검은 현무암 지대 암석들 ©안웅산

그마의 높은 열에 녹은 지각 물질이 섞이는(혼염) 과정 등을 거쳐 최종적으로 지표로 분출하게 된다. 최초의 마그마는 액체 상태다. 그러나 맨틀을 떠나 지표로 상승하면 마그마의 온도와 압력이 감소하고 가스 성분이 분리된다. 이 과정에서 마그마에 있던 일부 원소가 결정을 이루고 액체 상태의 마그마로부터 분리되는데 이를 '분별 결정 작용'이라고 한다.

분별 결정 작용은 뜨거운 소금물이 식으면 소금 결정이 정출(액체나 기체 속에 녹아 있는 용질이 고체 결정으로 분리되는 것)돼 아래로 가라앉고, 이에 따라 상부에 남은 소금물의

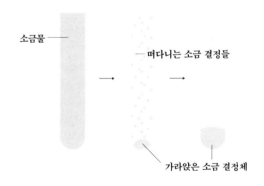

그림 1.4 온도 및 압력 차에 따른 소금물의 변화 과정

농도는 낮아지는 현상과 유사하다.

그럼 마그마는 어떤 영향을 받고 어떻게 변화할까? 맨틀에서 만들어진 현무암질 마그마가 지각 안에 오래 머물러 있지 않고 지표로 빠르게 분출해 그대로 굳으면 우리가 흔히 아는 '현무암'이 된다. 하지만 지표로 상승하는 과정에서 여러 차례 정체되어 식으면서 분별 결정 작용을 받게 되면 최초 형성됐던 현무암질 마그마와는 다른 성분의 마그마가 새롭게 만들어진다. 이렇게 성분이 변화한 마그마가 분출하면 현무암과는 구별되는 특징을 갖는 암석이 된다. 성분이 변화하는 순서는 대개 현무암 → 조면현무암 → 현무암질 조면안산암 → 조면안산암 → 조면암 → 유문암으로 이어지지만 그렇다고 항상 이 단계를 순차적으로 밟으며 만들어지는 건 아니다. 지각 내 마그마가 통과하는 길의 상태, 맨틀로부터 마그마가 공급되는 양 등 다양한 요건에 따라 어떤 마그마는 곧바로 지표로 분출되고, 다른 마그마는 더 이상 올라가지 못하고 서서히 식어 지각 안에서 심성암으로 남기도 하기 때문이다.

마그마가 지나갈 길이 잘 열려 있는 상태에서 많은 양의 마그마가 빠른 속도로 힘 있게 올라오면 지표로 분출되는 건 시간문제다. 하지만 반대로 마그마가 지나가는 길이 제대로 만들어져 있지 않거나 적은 양의 마그마가 천천히

그림 1.5

조면암(밝은 색)과
현무암(어두운 색)이
섞인 모습 ©안웅산

이동하다 보면 지각 안에 머무는 시간이 길고, 그 안에서 수
많은 요소들의 영향을 받게 된다. 지각 내 정체돼 있던 마그
마(조면암질 마그마)는 더 깊은 곳에서 올라오는 뜨거운 마그
마(현무암질 마그마)와 섞여서 분출되기도 하는데 특히 한라
산 고지대에는 이런 유형의 분출이 많다. 조면암질 암석 내
에 관찰되는 현무암질 마그마 방울이 그런 섞임 현상을 보
여 주는 증거다.

또한 약간 식은 상태로 지각에 머물러 있던 마그마는
결정의 함량이 약 50∼60퍼센트가 되면 마치 걸쭉한 죽과
같은 머시mush 상태가 된다. 이 상태에서 깊은 곳에서 올라
온 더 뜨거운 마그마가 섞이면 머시 상태의 마그마가 다시
녹으면서 새로운 화산 활동을 일으키기도 한다. 굳어 가던

마그마가 보다 뜨거운 마그마에 의해 다시 한번 녹아 분출
돼 암석이 되면 그 흔적이 암석에 고스란히 남는다. 그렇게
돌에도 삶의 여정이 담기는 셈이다.

　　제주 지하 지각의 두께는 약 30킬로미터다. 이 말은 곧
지하의 마그마가 밖으로 나오기 위해 이 두꺼운 대륙 지각을
통과해야 한다는 것이다. 그렇다 보니 제주 화산 활동에서
는 지각을 통과하는 동안 여러 단계에 걸쳐 분별 결정 작용
이 발생했을 가능성이 크다. 제주의 경우 아직 이런 현상들
에 대한 깊이 있는 연구들이 보고되고 있지 않다. 하지만 앞
으로 활발한 연구가 꾸준히 진행된다면 지각 단계에서의 다
양한 마그마 분화 과정들이 보다 상세히 밝혀질 것이다.

　　우리 눈에는 수많은 돌덩이 중 하나지만 그 속사정을
들여다보면 저마다의 특성과 개성이 있다. 맨틀을 떠나 지
표로 상승하는 마그마의 여정은 이런 특성을 결정짓는 중요
한 요인으로 작용한다. 이렇게 만들어진 돌은 거기서 멈추
지 않는다. 세월을 지나 오며 물에 깎이고 바람에 부서진다.
그러다 보면 이번엔 모래가 되고, 또 다음엔 흙이 된다. 흙
이 양분을 머금고 숲을 이루면 사람은 여기에 의지해 살아
간다. 돌은 어쩌면 사람의 가장 바탕이 되는 중요한 자원 아
닐까.

island
03

섬 이야기
세 번째

제주가 되다

　　제주 지질에 관한 연구는 결국 제주가 어떻게 만들어졌는지, 제주 탄생의 비밀을 푸는 열쇠가 된다. 이처럼 중요한 연구가 일본인 학자들에 의해 처음 이뤄졌다는 게 조금 안타깝지만 제주 지질 연구는 지금으로부터 약 100년 전인 일제강점기에 시작됐다. 그리고 1931년에 최초의 제주 지질도가 만들어진다.

　　1928～29년 일본의 지질학자 하라구치 구만原口九萬은 2회에 걸쳐 총 82일간 제주에 머물며 지질 조사를 실시해 이 지질도(32쪽)를 완성시켰다. 지질도에는 제주에서의 마그마 분화 과정, 화산층서, 화산구조선 등이 정리돼 있다. 당시 연구자들은 한라산 정상에 분포하는 조면암이 가장 먼저 분출해 종상화산이 형성됐고, 이후 그 주변에 조면질 안산암과 현무암이 순차적으로 분출해 제주가 형성됐을 것으로 보았다. 즉, 한라산이 형성된 다음 주변 오름이 생겨난 것으로 해석한 것이다.

　　제주 지질에 대한 연구가 우리 학자들에 의해 본격적으로 시작된 건 1960년대 들어서다. 하지만 그때의 연구는 제주 물 부족 문제 해결을 위한 기초 조사 차원이었다. 이 연구 결과는 당시 문화공보부(1968년)와 농업진흥공사(현 한국농어촌공사, 1971년, 32쪽)에 의해 각각 지질도로 발간됐다.

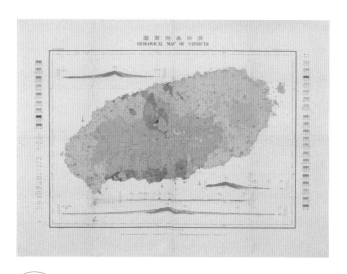

그림 1.6 　최초의 제주 지질도 ⓒ제주민속자연사박물관

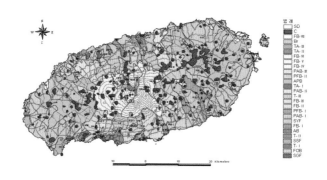

그림 1.7 　1971년 농업진흥공사에서 제작한 제주 지질도
ⓒ한국농어촌공사(제공: 고기원)

그리고 1970년대 중반에 이르러 국내 화산암 연구의 선구자로 손꼽히는 지질학자 원종관 교수 등(1975, 1976년)의 연구팀이 제주 형성 과정을 조사해 발표한다. 그들은 일본 학자들과 달리 제주 동쪽과 서쪽 해안 지대에서 먼저 현무암이 분출해 용암 대지가 형성됐고, 이후에 한라산체(순상화산체), 그 뒤로 주변 오름(기생화산)이 형성된 것으로 보았으며 이러한 해석은 2000년 초반까지 특별한 문제 제기 없이 통용된다.

1980년대 중반에는 드디어 오름의 화산 분출 시기를 수치화한 연대로 측정할 수 있게 되었는데 그 결과 한라산, 산방산, 범섬 등 몇몇 오름들의 형성 시기가 조금씩 밝혀졌다.

2000년대부터는 먹는 물 사업에 대한 관심이 높아지면서 본격적인 지하수 연구가 시작된다. 이 과정에서 지하수 관정 시추로 얻어진 지하 암석뿐 아니라 지표의 시료들에 대한 연대 측정이 함께 이루어졌다. 하지만 이때까지의 연대측정법으로는 5만~10만 년 이내의 매우 젊은 암석의 연대를 측정하는 데 한계가 있었다. 이런 한계를 뛰어넘기 위해 보다 다양한 연대측정법이 적용되기 시작한 건 2010년대 이후다.

제주에 분포하는 작은 오름들의 형성 시기를 알기 위해서는 연대 측정이 필요하다. 연대를 측정하는 방법은 무엇을 활용해 분석하는지에 따라 크게 둘로 나뉜다. 화산 분출물 내 암석이나 광물을 활용한 직접 연대측정법과, 주변 물질을 이용하는 간접 연대측정법이다.

좀 더 자세히 살펴보면 직접 연대측정법에는 포타슘–아르곤(K-Ar) 연대측정법, 아르곤–아르곤(Ar-Ar) 연대측정법, 우라늄–토륨(U-Th) 비평형 연대측정법 등이 있다.

포타슘–아르곤 연대측정법은 암석 내 칼륨(K)과 아르곤(Ar)의 양을 통해 용암이 식은 시간, 즉 분출된 뒤의 시간을 측정하는 것으로, 새니딘, 운모, 각섬석 등 칼륨 함량이 높은 광물을 통해 연대를 측정할 때 활용되지만 젊은 암석에서는 오차가 크다는 단점이 있다.

직접 연대측정법	간접 연대측정법
화산 분출물 내 암석 또는 광물 활용 • 포타슘–아르곤 연대측정법 • 아르곤–아르곤 연대측정법 • 우라늄–토륨 비평형 연대측정법	**화산 분출물 주변 물질 활용** • 방사성 탄소 연대측정법 • 광여기루미네선스 연대측정법

표 화산 지대의 연대측정법

이를 개선한 게 아르곤–아르곤 연대측정법이다. 아르곤–아르곤 연대측정법의 기본 원리는 포타슘–아르곤 연대측정법과 같지만 훨씬 더 정밀하고 즉각적이며, 1만 년 이내 젊은 암석들의 연대 측정도 가능하다는 장점이 있다.

우라늄–토륨 비평형 연대측정법은 우라늄(U)이 붕괴하는 과정 중에 생성되는 토륨(Th)이 비평형 상태에서 평형 상태에 도달하기까지의 정도를 활용한 연대측정법으로, 약 35만 년 이내 연대 측정이 가능하다. 제주의 경우, 조면암이나 유문암 내에 존재하는 지르콘이란 광물이 우라늄과 토륨 함량이 높기 때문에 이 방법을 많이 활용한다. 이를 적절히 이용하면 제주 마그마 방의 형성 시기와 더불어 마그마 방형성 이후 화산 분출까지의 시간 간격도 계산할 수 있다.

하지만 직접 연대측정법이 모든 경우에 적용될 수 있는 건 아니다. 직접적인 연대 측정이 어려울 때는 고토양과 같은 화산 분출물 주변의 물질을 통해 간접적으로 연대를 측정할 수 있다. 이런 간접 연대측정법의 대표적인 예가 방사성 탄소 연대측정법과 광여기루미네선스 연대측정법이다.

방사성 탄소 연대측정법은 방사성 동위원소인 탄소(C)의 조성비를 통해 연대를 추정하는 것으로 최대 5만 년까지의 연대를 측정하기도 한다.

광여기루미네선스 연대측정법은 석영, 장석과 같은 광물이 주위 퇴적물의 자연방사선에 노출돼 광물 결정 내에 전자 형태로 축적된 에너지를 측정해 연대를 계산하는 것인데 최대 수십만 년까지 연대 측정 범위가 넓다는 장점이 있다.

제주 화산암들 중에는 화산암을 직접 분석해 연대를 얻기 어려운 경우들이 많다. 때문에 최근 들어 화산 분출 시기를 밝히는 데 이 두 가지 방법이 활발히 활용되고 있다.

이런 다각적 노력 덕에 한라산과 오름 형성 시기에 대한 새로운 발견이 속속 보고되고 있다. 그동안은 한라산이 형성된 뒤에 오름이 생겼다는 의견이 지배적이었지만 최근 연구에 따르면 한라산이 형성되는 과정 사이사이에 주변 오름들이 생겨났다는 사실이 새롭게 확인됐다. 제주 곶자왈의 근원이 되는 동거문오름, 녹고메, 병악, 도너리오름 등을 비롯해 해안가에 자리하고 있는 송악산, 성산일출봉 등은 한라산 백록담이 형성된 이후에 형성된 오름이다. 특히 한라산 동쪽에 있는 돌오름은 약 2,000년 전쯤에 형성된 것으로 밝혀져 지금까지 연구된 오름 중 가장 젊은 것으로 보고된 바 있다.

제주의 최고봉인 한라산과 그 주변 오름들은 오랜 기간 호기심의 대상이었고, 연구가 진행됨에 따라 새로운 사실들이 꾸준히 밝혀지고 있다. 여러 연구자들의 노력으로 제주 탄생의 비밀이 조금씩 베일을 벗고 있는 것이다. 앞으로 각종 분석 기법이 더욱 발달하면 한라산과 그 주변 오름들이 언제, 어떻게 만들어졌는지에 대해서도 좀 더 다양한 이야기를 들을 수 있게 될 것이다.

island
04

섬 이야기
네 번째

오름의 탄생

"이번엔 어느 오름에 가 볼까?"

제주에는 우리가 익히 잘 아는 용눈이오름, 백약이오름, 다랑쉬오름, 새별오름 외에도 수많은 오름이 있다. 제주를 찾는 사람들이라면 한번쯤 오름을 오른 적이 있을 것이다. '오름'은 주변보다 뚜렷이 솟아오른 봉긋한 지형을 가리키는 제주 고유어이자, 어여쁜 순우리말이다.

이런 오름을 지질학적 관점에서 보면 어떨까? 지질학적 관점에서 제주의 오름은 수주에서 수년이라는 비교적 짧은 기간에 소규모 화산 활동에 의해 형성된 소화산체로, 그 형태나 조성이 비교적 단순하기에 단조로운 단성화산체 monogenetic volcano 라 불린다.

연구에 따르면 제주에는 총 455개의 소화산체가 분포하고, 이들 중 주변보다 눈에 띄게 봉긋 솟은 소화산체, 즉 오름이라고 부를 수 있는 건 약 360여 개가 분포한다. 455개의 소화산체를 구성 물질과 형태에 따라 분류하면 분석구가 382개(84퍼센트), 용암순상체가 27개(5.9퍼센트), 용암돔이 25개(5.5퍼센트), 응회환이 17개(3.7퍼센트), 응회구가 3개(0.7퍼센트), 마르가 1개(0.2퍼센트)다. 생소한 단어들이라 낯설고 어렵게 느껴질 수 있지만 실제 오름의 모양과 함께 살펴보면 제주의 오름들을 새로운 시각에서 바라볼 수 있게 될 것이다. 우선 제주 소화산체 중 가장 많은 수를 자랑하는 분석구부터 차례로 살펴보자.

오름은 과거 제주 화산 활동의 생생한 흔적이다. 지하에 있던 현무암질 마그마가 지표로 분출되는 화산 활동 과정에서 만들어진 기공이 많은 마그마의 파편을 분석(스코리아scoria)이라고 한다. 이런 분석들이 쌓여 만들어진 화산체가 바로 분석구다.

분석구는 다시 어떤 모양으로 쌓였는지에 따라 크게 말발굽형, 원추형, 원형 등으로 나눌 수 있다. 이 중 제주에 가장 많은 분석구는 말발굽형(총 136개, 전체의 36퍼센트)이다. 말발굽형 분석구가 만들어지는 이유는 다양하다. 하나는 분석이 분화구 주변에 쌓일 때 바람 등의 영향으로 인해 화구 한쪽에 더 많이 쌓이면 화구 주변 높이가 서로 다른 비대칭 형태를 이루게 되고, 이후에 지표로 스멀스멀 분출된

그림 1.8

분석
ⓒ안웅산

용암이 분화구의 낮은 부분을 따라 지속적으로 흐르면서 한쪽을 침식시켜 분화구 한쪽이 열린 말발굽 모양으로 만들어진 것이다. 이렇게 만들어진 말발굽형 분석구는 대개 분화구가 주변 지형보다 높은데 대표적인 예로 지미봉(42~43쪽)과 둔지봉이 있다.

다른 하나는 기존 분석구에서 새로운 분출이 발생하거나 분화구 아래에 있던 용암이 지하 더 깊은 곳으로 물러남에 따라 분석구의 한쪽이 붕괴되고, 붕괴된 부분으로 용암이 흘러 나가며 분화구의 한쪽이 더 크게 트인 경우다. 이렇게 형성된 말발굽형 분석구는 분화구가 크고, 분화구 바닥이 주변 지형보다 낮은 특징이 있다. 선흘리의 거문오름, 송당리의 체오름(44~45쪽) 등이 대표적이다.

제주에 분석구 다음으로 많은 화산체는 용암순상체와 용암돔이다. 이 둘은 각각 27개, 25개로 비슷한 수가 분포하지만 모양은 전혀 다르다. 용암순상체는 완만하고 넓게 퍼져 있는 반면, 용암돔은 불쑥 솟은 형태를 띠고 있어 둘을 구분하는 일은 그리 어렵지 않다.

점성이 낮은 현무암질 마그마가 천천히 분출하면서 화구 주변으로 오랜 기간 지속적으로 흐르며 겹겹이 쌓이면 낮고 완만한 형태의 오름을 형성한다. 이런 오름을 용암순상체라 하는데 높이는 100미터 이내로 낮은 반면, 폭은 1킬

그림 1.9 분화구가 주변 지형보다 높은 지미봉 ⓒ안웅산

그림 1.10 분화구가 주변 지형보다 낮은 송당리 체오름 ⓒ안웅산

로미터 정도로 비교적 넓고 아주 완만한 형태를 갖는 것이 특징이다. 주로 제주 서부에 분포하며 모슬봉(모슬개오름), 광해악(넓게오름), 누운오름 등이 여기에 해당한다. 동부에서는 개죽은산(구사산)이 용암순상체에 속한다. 모슬봉의 경우 상단부가 분석들로 이루어져 있어서 보통의 용암순상체보다는 폭발력이 강한 화산 활동도 있었던 것으로 추정된다.

용암돔을 이해하기 위해서는 끈적끈적한 겔gel을 떠올려 보는 것이 도움이 된다. 점성이 커 끈적끈적한 상태의 용암은 당연히 화구에서 멀리까지 흘러 내려가지 못한다. 그렇다 보니 화구 주변에 높게 쌓여서 급경사를 가진 돔dome

그림 1.11 용암순상체 중 하나인 모슬봉 ©안웅산

형태의 용암체를 형성하게 되는데 이를 용암돔이라고 한다. 산방산과 한라산 백록담의 서쪽이 대표적인 용암돔이다.

다음으로 살펴볼 응회환과 응회구는 이름만큼이나 성격도 비슷한 듯 조금 달라서 다른 그림 찾기처럼 비교해 보는 재미가 있다.

우선 이 둘의 공통점은 이들 화산이 있는 장소다. 응회환과 응회구는 흔히 제주의 해안가에 주로 분포한다. 이는 태생이 비슷하기 때문이다. 마그마가 지표로 분출되는 과정 중에는 바닷물이나 지하수 등 물과 만나는 경우도 있다. 이때 마그마는 공기 중으로 분출할 때보다 더욱 격렬한

그림 1.12　용암돔 중 하나인 산방산 ⓒ안웅산

폭발을 일으키는데 이런 화산 활동을 '수성 화산 활동'이라고 한다. 응회환과 응회구는 모두 수성 화산 활동에 의해 형성된 소화산체다.

　수성 화산 활동은 마그마와 반응하는 물의 비율, 마그마의 순간 분출량 등에 따라 분출 형상이 달라지고, 화산쇄설물이 퇴적되는 과정에도 차이가 생긴다. 이런 작은 차이에 의해 응회환이 형성되기도 하고, 응회구가 만들어지기도 한다.

　물과 마그마가 가장 강렬하게 반응하는 최적의 질량 비율은 '물:마그마=7:20'이다. 이러한 조건에서 지표로 분출된 화산재는 화구 주변으로 마치 모래바람처럼 세차게 흘러가게 되며 이를 '화쇄난류'라고 부른다. 화산 폭발과 그에 따른 화쇄난류가 반복되면 화산재들이 완만한 경사를 이루며 겹겹이 쌓이게 되고 결과적으로 경사 10도 이하의 나지막한 언덕을 만드는데 그렇게 만들어진 게 응회환이다. 반면 최적의 비율보다 많은 양의 물이 마그마와 반응하면 상대적으로 폭발력이 감소하고 화산재가 멀리 날아가지 못한 채 화구 주변에 급격한 경사를 이루며 쌓이게 되며 이를 응회구라고 한다. 제주의 대표적인 응회환은 말미오름(50~51쪽), 수월봉, 송악산 등이고, 응회구는 성산일출봉(52~53쪽)과 우도의 소머리오름이다.

끝으로 마르는 크게 보면 응회환으로 분류되는 화산체로, 분화구 내부가 주변 지표면보다 낮고 그 안에 호수가 형성돼 있는 게 특징이다. 제주 서귀포에 있는 하논(121쪽)이 제주에서는 유일한 마르형 소화산체다.

제주의 오름을 좋아하는 사람들은 많지만 오름이 어떻게 만들어지고, 어떤 모양을 하고 있는지에 대해 유심히 생각해 본 사람은 그리 많지 않을 것이다. 어떻게 만들어졌는지에 따라 어떤 오름은 가파르고, 다른 오름은 편평하며, 또 다른 오름은 가운데가 움푹 팬 모양을 하고 있다. 어떤 오름에 오를까 고민될 때 오름의 모양을 눈여겨보는 건 어떨까. 응회구인 성산일출봉에 갔었다면 이번엔 응회환인 말미오름에 오르며 오름이 생겼을 당시의 모습을 떠올려 보는 것도 새로운 즐거움이 될 것이다.

오름이 생기는 자리에도 규칙이 있을까? 얼핏 보면 무질서하게 퍼져 있는 듯해도 사실 오름의 분포에는 패턴이 있다. 제주의 오름은 대체로 제주의 장축 방향(타원의 중심을 지나는 가장 긴 선분의 방향)에 비스듬한 각도로 선상 배열돼 있다. 짧게는 10킬로미터, 길게는 20여 킬로미터에 걸쳐 일

그림 1.13 응회환 중 하나인 말미오름 ©안웅산

응회구 중 하나인 성산일출봉 ⓒ안웅산

직선상에 분포하고 있는 것이다.

지하에 있는 마그마가 지표로 분출할 때를 생각해 보자. 어떻게 하면 가장 힘을 덜 들이고 효과적으로 지표로 나올 수 있을까? 바로 균열이 발생한 지각, 즉 마그마의 이동 통로를 따라가며 상승하는 것이다. 그런 까닭에 작은 소화산체들은 지각의 균열, 즉 열극fissure에 따라 분포하게 된다.

이는 제주에서만 관찰되는 특징은 아니다. 북대서양의 카나리 열도에서 가장 큰 화산섬인 테네리페(면적 2,034 제곱킬로미터, 최고 높이 3718미터)에서도 유사한 특징이 관찰

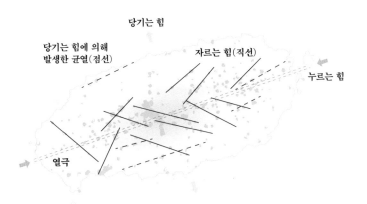

당기는 힘

당기는 힘에 의해 발생한 균열(점선)

자르는 힘(직선)

누르는 힘

열극

그림 1.15 제주 오름의 분포

된다. 테네리페는 제주와 유사한 면적에 297개의 단성화산체가 있는데 이들 모두 섬 중앙에서부터 세 갈래 방향으로 발달한 열극을 따라 무리 지어 있다.

지각의 균열은 광역적인 힘의 방향에 의해 결정된다. 화산 활동이 지속됐던 과거 180만 년 동안 제주 주변에 가해진 힘의 방향을 보면, 장축 방향으로 압축력(누르는 힘)이 작용했을 것으로 보인다. 이런 압력이 작용할 때는 여기에 직각 방향으로 인장력(당기는 힘)이 발생해 인장 균열이 생기게 되며, 이때 균열 방향은 제주의 장축 방향과 나란하다. 이와 더불어 인장 균열에 비스듬한 방향으로 전단력(자르는 힘)이 발생하면서 또 다른 균열(전단 단열)이 형성된다. 이렇게 형성된 균열을 따라 마그마가 지표로 상승해 분출됐고 거기에 오름들이 만들어진 것이다. 결국, 제주는 동북동-남서남 방향으로 우세한 균열 및 그와 연계된 균열들을 따라 지속적으로 화산 활동이 반복되면서 현재와 같이 동서로 길쭉한 타원형의 화산섬이 됐다고 할 수 있다.

본격적으로 어승생오름을 소개하기에 앞서 지금까지 제주의 탄생과 오름에 대해 살펴본 건 제주가 없었다면 어승생오름도 없었을 것이기 때문이다. 제주 지질에 대한 연구는 지난 100년에 걸쳐 지속적으로 진행돼 왔으며 최근에

와서 더욱 활발하게 진행되고 있다. 연구자들뿐 아니라 제주를 사랑하는 많은 이들의 꾸준한 관심이 우리가 사랑하는 제주의 면면을 밝히는 데 큰 힘이 될 것이다.

자, 이제는 이렇게 만들어진 제주 안에 있는 수백 개의 오름들 가운데 큰 오름 중 하나인 어승생오름을 만날 시간이다.

그림 1.16 제주의 북동쪽에서 한라산을 바라본 전경 ©임재영

oreum story

오름

이야기

제주에서 손꼽히는 크고 오래된 오름 중 하나인 어승생오름에 올랐다.
수십만 년간 간직해 왔을 땅의 이야기에 귀 기울여 본다.

oreum
01

어승생오름의 수많은 이름들

제주 하면 한라산이 가장 먼저 떠오를 만큼 한라산은 제주의 상징이다. 어디 제주뿐이겠는가. 해발 1,950미터를 자랑하는 우리나라에서 가장 높은 산이기도 하니 대한민국을 대표하는 산이라고도 할 수 있다. 그런데 제주에는 이런 한라산만큼이나 크고 오래된 오름이 하나 있다. 한라산에서 북서쪽 방향으로 마주 보고 선 어승생오름이 그 주인공이다. 어승생오름의 높이는 무려 해발 1,169미터. 한라산과의 차이가 겨우 781미터인 데다가 북한산이 해발 약 836미터인 점까지 고려하면 얼마나 높은지 대략 가늠이 될 것이다.

한라산과 나란히 있으면서 한라산보다는 작은 어승생오름은 사실 엄밀히 말하면 한라산의 형뻘이다. 어승생오름이 한라산보다 먼저 만들어졌기 때문이다. 이제부터는 그동안 한라산의 인기에 가려져 상대적으로 적은 관심을 받아 온, 그럼에도 불구하고 오랫동안 제주를 지켜 온 어승생오름의 묵은 이야기들을 차례차례 풀어내려 한다.

어승생오름 표지판 앞에 섰다. '어승생'이라는 이름은 어떻게 만들어진 것일까. 기록에 따르면 어승생오름은 과거부터 여러 이름으로 불려 왔다. 1702년 제주목사 이형상이 남긴 화첩《탐라순력도耽羅巡歷圖》에는 '어승생御乘生', '어승악御乘岳'이라고 표기돼 있고, 제주의 오름 이름을 연구하는 학자 오창명은《한라산의 구비전승 지명 풍수》에서 다음과 같이 밝힌다.

> "18세기 후반에 제작된 것으로 추정되는
> <제주삼읍도총지도>에는 '이사랑악 伊士郎岳'으로,
> 1872년의 <제주삼읍전도>에는
> '이사량악 伊士良岳'으로 표기되었다고 한다. 당시
> 제주의 사투리인 '이스랑'을 한자로 표기하는
> 과정에서 기록관에 따라 달리 표기했을 것으로
> 보고 있다. 또한 다른 지도에서는 '어스렁오름'으로
> 표기되기도 했는데, 이후 <한라산국립공원지도>에는
> '이스렁오름', '어슬렁오름'으로 적었고, 민간에서는
> 주로 '이스렁오름'이라고 불렀다. 그 외에도 지도마다
> '이슬렁오름', '어슬렁오름', '어스렁오름' 등 각기
> 다르게 표기한 것이 확인됐다."
>
> — 오창명, 《한라산의 구비전승 지명 풍수》, 한라산 총서 V, 2006

이렇게 여러 이름으로 불리던 어승생오름은 초기 기록에 따라 어승생이라는 이름을 찾았다. 그럼 어승생이라는 이름은 어떻게 나오게 된 것일까. 비교적 최근 연구에 따르면 어승생오름의 이름이 '어승마'에서 유래했다는 설이 정설처럼 알려져 있다. 어승마란 임금이 타는 말이라는 뜻인

데 어승생오름 주변에서 키운 말이 어승마가 되었기 때문에
어승마를 키운 곳이라는 뜻의 어승생오름이 되었다는 것이
다. 이 이야기는 1653년 제주목사 이원진이 쓴《탐라지耽羅
志》에 기록된 다음의 내용에서 출발했고, 제주 목장사를 연
구한 남도영 박사로 인해 확산된 것으로 보인다.

> "어승생오름은 제주 남쪽 25리의 거리에 있다. 그
> 산꼭대기에 못이 있는데, 둘레가 100보가 된다.
> 예로부터 전하기를, 이 오름 아래에서 임금이 타는
> 말이 났다고 하므로 그렇게 불린다."
>
> ─이원진,《탐라지》

이런 기록들로 인해 어승생오름을 어승마와 연관 지
어 생각하게 됐지만 그럼에도 불구하고 사실 이런 주장을
증명할 만한 확실한 기록은 없다.

> "탐라耽羅의 말로서 세공歲貢으로 진상된 것 가운데
> 어승御乘이 된 것은 예로부터 드물었다. 지금
> 제주목사濟州牧使 유사모柳師模가 교체되어 온 뒤로
> 진상한 말이 곧바로 어승이 되었으니, 이것은 목장을
> 설치한 뒤로 처음 있는 일이라 해도 좋을 것이다.

격려하고 권장하는 도리로 볼 때 논상論賞하는 일이
있어야 마땅하겠다. 목사 유사모에게 내구마內廏馬
1필을 특별히 하사하라.”

—《정조실록》 47권

　　1797년《정조실록》 47권에 기록된 내용을 보면 어승
마가 제주에서 진상된 건 맞다. 하지만 그 말이 어승생오름
아래에서 자랐다는 기록은 없다. 당시 제주에는 국영 목장
이 지역별로 열 군데 정도 있었고, 그중 네 곳이 어승생오름
아래에 있었으나 어승생오름이 다른 곳들에 비해 말을 키우
기에 더 우수한 환경이었다고 보기는 어렵다. 말을 잘 키우
기 위해서는 물과 넓은 초원이 필요한데 어승생오름의 목장
들은 여느 국영 목장들과 비슷한 환경인 데다 제주목 관아
에서 멀리 떨어져 있어 과연 그 귀한 어승마를 키웠을지에
대해서는 의문이 든다. 어승생오름의 이름이 어승마에서 비
롯됐다는 건 그저 가설 중 하나로 이해하는 편이 좋겠다.
　　어승생오름의 이름에 대한 가설이 또 하나 있다. 어승
생오름 하면 빼놓을 수 없는 게 바로 ‘물’이다. 제주의 집마
다 설치된 수도꼭지에서 나오는 물 대부분이 어승생 수원지
를 통한다고 해도 과언이 아닐 정도다. 어승생오름에는 여
섯 곳의 수원지가 있고, 안개가 잦아 식물 꼭대기까지 넝쿨

이 우거져 있을 정도라 과연 '물을 품은 산'이라고 할 만하다. 그렇다 보니 어승생오름 이름의 유래를 물에서 찾기도 한다.

1971년 한라산 국유림보존보호 순시원에서 출발해 40여 년간(2010년까지 근무) 한라산과 가장 가까이에서 일해 온 한라산지기 양송남은 자신의 책《양송남의 40년 지기, 한라산 이야기》에서 다음과 같이 적었다.

> "어승생이란 명칭은 1990년 8월 9일 제주말의 뿌리를 캐는 고고어학자 하르노트 씨 몽골 국립 정치대학 교수에 의하면 제주어의 뿌리에 몽골어가 미치는 영향을 언급하며 '어스-물', '새이-좋다', 즉 '물이 좋은 산'이란 뜻으로 설명했다. 또 '어리'는 '입구'란 뜻이고, '움부리'는 '산이 패인 분화구'란 뜻이라고 설명했다."
>
> — 양송남, 《양송남의 40년 지기, 한라산 이야기》

몽골어로 '어스새이'가 '물이 좋다'라는 뜻이라면 '어승생'의 어원이 몽골어 '어스새이'에서 왔다는 것 역시 그럴듯한 가설이라 할 수 있다. 그만큼 제주의 여러 오름 중 샘물이 가장 많이 솟아나는 오름이 어승생오름이기 때문이다.

"어승생오름 전체를 샅샅이 뒤져 보면 어승생오름
남쪽으로 샘물이 나오는데 이 물은 어리목에서
등산객들의 식수로 이용하고 있으며 또 서쪽 4부
능선에서는 고랭지시험포에서 식수로 이용하였던
곳이고, 동쪽으로 두 개소에서 나오는 샘물은
선녀폭포물과 합쳐져서 어승생 수원지로 유입되며,
또 북쪽 4부 능선과 7부 능선에서 나오는 샘물은 옛날
몽고군이나 일제강점기 일본군이 식수로 이용했을
것이라 추정된다. 그리고 어승생오름 정상을
중심으로 하여 북쪽으로 밭고랑 같은 깊은 골짜기
여섯 개가 있는 지점은 다섯골왓이라 불렀으며
남쪽으로 여섯골왓, 서쪽으로 네골왓, 동쪽으로는
두골왓이라 불렀다고도 한다."

— 양송남, 《양송남의 40년 지기, 한라산 이야기》

종합해 보면 어승생오름에 물이 솟아나는 곳은 여섯
이고, 과거 몽고蒙古가 제주를 지배하는 과정에서 물이 많
은 오름인 어승생을 '어스새이'라 부르고, 오늘날 변음돼
'어승생'이라 불리게 됐다는 추측이 가능하다.
일제강점기 일본인들에게도 어승생오름 Y계곡의 힘
찬 물줄기는 욕망의 대상이었다. 전쟁에서 패하고 철수하게

되면서 꿈은 이루지 못했지만 일본은 이 물줄기를 이용해 수력발전소를 만들 계획을 갖고 있었다. 단지 계획만 했던 것이 아니라 실제 실행하기도 했는데 해방 이후 일본인들이 돌아간 뒤 어승생오름에 물길을 만들기 위해 나무를 베어 낸 흔적이 남아 있던 것으로 전해진다. 지금은 산림녹화사업으로 그 흔적이 거의 사라졌다.

이후 1960년대에 오면서는 실제로 어승생에 도수로를 만들어 광령저수지 쪽으로 물을 내려보내기 시작한다. 덕분에 광령 지역에 논밭이 들어설 수 있게 됐고, 이후 수산, 하귀까지도 물을 내려보냈다. 도수로를 통해서는 물만 내려보낸 게 아니다. 큰 나무를 베어서 아래로 보내야 할 때도 이 도수로를 이용했는데 사람이 직접 힘들게 들고 내려갈 필요 없이 물에 띄워 떠내려가게 한 것이다.

이 정도로 어승생오름이 물과 깊은 관련이 있다고 하니 이름 역시 물과 연관돼 있을 거라고 보는 입장도 납득이 된다. 과거 '어승생'을 '어스새이', '어스셍이'라고 불렀다는 건 여러 구전을 통해 이미 확인된 바 있다. 특히 신화나 무속에 등장하는 언어와도 관련 있는데 현용준 전 제주대학교 교수의 《제주도 무속자료사전(개정판)》을 보면 어승생에 관해 다음과 같이 서술한다.

"할로영주산 어스승은 단골머리"

"산으로 가민 어시싱 단골머리 아은아홉골로 노념"

"어스셍이 벡록담으로 해야"

"흔 눌기를 어승셍이 단골머리 브투고"

"어스승 골머리앞 영실 백녹담 큰장오리 족은장오리"

— 현용준, 《제주도 무속자료사전(개정판)》

또한 진성기 전 제주민속박물관장의 《제주도 무가본
풀이 사전》에도 어승생오름에 관해 다음과 같은 호칭을 사
용한 것으로 확인됐다.

"어승생 당골머리"

"한로영주산 어시성이로"

"어시싱이 단골머리"

— 진성기, 《제주도 무가본풀이 사전》

어승생이 '어승마'에서 유래했다는 가설은 음소리가
비슷한 데서 기원했을 것이고, '물이 좋은 곳'이라는 뜻의
'어스새이'에서 유래했다는 가설은 지형적 특성 때문이었을
것으로 보인다. 지형적 특성과 구전의 내용에 따라 추측건
대 물과 관련 있다는 가설이 좀 더 신뢰할 만하지 않을까 싶

다. 모두 가설이기에 무엇이 옳다고 말하기는 어렵지만 전
해지는 이야기가 많다는 건 그만큼 어승생오름이 오랜 세월
의미 있게 자리를 지켜 주고 있다는 방증 아닐까.

oreum
02

땅에 새겨진 오름의 비밀

어승생오름의 정상에 올라 한라산을 바라보면 여러 가지 생각이 든다. 오름 정상에 올랐다는 뿌듯함과 생각보다 가까운 한라산 정상이 반가우면서도 어승생오름이 지켜봐 왔을 역사가 어쩐지 눈앞에 그려지는 것만 같다. 어승생오름은 한라산보다 먼저 만들어져 한라산 곁에서 한라산이 완성되는 과정을 모두 지켜본 오름이다. 한라산이 높게 성장하는 모습부터 한라산을 찾는 많은 사람들의 발걸음까지 어승생오름은 보아 왔을 것이다. 그렇다면 어승생오름이 만들어지는 과정은 누가 봐 주었을까. 이번에는 우리가 어승생오름이 생겨난 과정을 쫓아가 보기로 하자.

오름이 언제 어떻게 만들어졌는지는 앞 장에서 설명한 연대측정법을 통해 추정할 수 있다. 형태로 보면 원형 분석구에 해당하는 어승생오름은 한 번의 폭발로 뚝딱 만들어지지 않았다. 크게는 두 단계의 화산 폭발이, 작게는 여러 번에 걸친 화산 분출 과정 속에 완성됐다고 볼 수 있다.

어승생오름의 첫 화산 폭발은 12만 년 전으로 거슬러 올라간다. 이때 발생한 폭발로 넓고 완만한 어승생오름의 하부 지형이 만들어진다. 그로부터 2만 년쯤 지났을까. 어승생오름의 동남쪽에서 새로운 화산 활동이 일어났다. 지금의 족은두레왓에서 분출한 점성이 크고 잘 흘러내리지 않는 조면암질 마그마가 어승생오름의 동쪽을 따라 서서히 흘

큰두레왓

족은두레왓

아흔아홉골

그림 2.1 어승생오름과 주변 오름들 ⓒ임재영

러가며 마치 소의 혓바닥과 같은 형태의 용암 지형인 쿨리 coulee(용암돔의 한 타입으로, 돔이 형성되며 경사진 방향으로 서서히 흘러가 비대칭의 돔 구조를 형성하는 경우)를 만들었다. 그렇게 만들어진 게 오늘날의 아흔아홉골 조면암이다. 아흔아홉골 조면암을 시작으로 족은두레왓과 큰두레왓이 각각 순차적으로 형성된다.

약 5만~7만 년 전 큰두레왓과 족은두레왓 사이 오목한 지형을 따라 어디서 왔는지 모를 치밀질의 조면암질 용암이 아흔아홉골과 초기 어승생오름 사이의 좁은 계곡을 따라 흘렀다. 아쉽게도 그 근원지는 밝히지 못했지만 큰두레왓보다 높은 곳에서 흘러온 것으로 추정된다. 그리고 지금으로부터 약 4만~5만 년 전에 어승생오름의 북동부에서 다시 한번 화산 활동이 일어났고, 그렇게 오늘날 우리가 보는 어승생오름이 완성됐다.

멀리서 어승생오름을 바라보니 독특한 산세가 절경이다. 굽이굽이 자연이 만들어 낸 작품이 어떤 위대한 예술가의 조각보다 경이롭다.

어승생오름의 산세에서 가장 눈에 띄는 건 역시 '아흔

아홉골'이다. 어승생오름 동쪽으로 깊이 팬 수십 개의 구불구불한 이 침식 지형은 정말 아흔아홉 개일까? 그렇지 않다. 사실 실제 골짜기 수는 아니고 상징적인 의미에서 붙인 이름이다.

이 골짜기에 얽힌 전설에 따르면 본래는 100개의 골짜기였다. 그런데 이 골짜기 주변 마을 사람들에게는 한 가지 큰 고민이 있었다. 골짜기에 맹수가 들끓었던 것이다. 맹수가 마을까지 내려와 사람을 해치진 않을까, 땔감을 가지러 골짜기에 올랐다 변을 당하진 않을까 염려하며 사람들은 하루도 마음 편히 지낼 수 없었다. 그러던 어느 날 마을을 지나가던 스님이 사람들의 고민을 듣고는 불경을 외기 시작했다. 그러자 놀랍게도 언제 그랬냐는 듯 맹수들이 사라졌는데 이때 골짜기 하나까지 사라져 아흔아홉골이 되었다는 것이다.

아흔아홉골에 관한 흥미로운 전설을 들었으니 이번에는 조금 재미없어 보일지도 모르는 과학으로 접근해 보자. 왜 이곳에 이렇게 많은 골짜기가 생겼을까? 이는 골짜기를 이루고 있는 조면암의 특성 때문이다.

앞서 이야기했듯 아흔아홉골은 만들어질 당시 마치 소의 혓바닥처럼 두껍고 길쭉한 쿨리 형태의 조면암으로 이루어져 있었다. 비록 그 폭이 약 1킬로미터, 길이가 약 1.5

북쪽에서 바라본 아흔아홉골 ⓒ임재영

킬로미터에 달하는 규모가 큰 용암이긴 하지만 조면암은 그 물성이 약해 비바람에 쉽게 침식된다. 이런 이유로 아흔아홉골 조면암은 10만 년 이상의 오랜 기간에 걸쳐 비바람에 깎이고 무너지길 반복하며 골짜기가 만들어지다 지금의 모양으로 자리 잡은 것이다. 다만 조면암을 분출한 화구는 이후에 분출된 용암에 덮여서 오늘날에는 지표상에서 확인할 수 없다.

아흔아홉골을 이루는 조면암은 황갈색을 띠고 풍화가 상당히 진행됐다는 것 외에도 독특한 특징들이 있다. 먼저 아흔아홉골의 높은 산등성에 있는 조면암 안에는 수 센티미터 크기의 둥근 덩어리들이 있다. 이렇게 기존의 암석 사이에 들어온 이질적인 암석을 '포유체'라고 한다. 아흔아홉골에서 관찰된 이 둥근 덩어리들은 대개 현무암질로 구성돼 있다. 지각에 머물러 있던 조면암질 마그마(800~900도)에 보다 뜨거운 현무암질 마그마(약 1,100도)가 새롭게 주입되면서 만들어진 흔적이다. 주입된 현무암질 마그마가 상대적으로 낮은 온도의 조면암질 마그마 내에서 둥글둥글한 방울 형태로 굳어진 것이다. 특히 이런 현무암질 포유체는 조면암에 비해 풍화에 강하기 때문에 봉긋봉긋 돌출돼 있다.

또한 아흔아홉골의 조면암에는 육안으로도 구분 가능한 수 밀리미터 크기의 장석, 휘석, 각섬석, 감람석 등 큰 결

현무암질 포유체를 확인할 수 있는 암석 단면 ©안웅산

정(반정)이 있다. 특히 장석 결정은 바깥쪽이 둥글게 녹아 있거나, 결정의 내부가 녹아서 체처럼 얼금얼금한 형태의 체 구조sieve texture 를 갖는다. 이렇게 결정이 녹은 흔적들은 식어 가던 조면암질 마그마에 보다 뜨거운 새로운 현무암질 마그마가 더해지면서 화산 분출이 발생했음을 보여 주는 증거가 된다.

　　이처럼 땅과 돌의 생김새와 성질에는 오랜 시간에 걸쳐 형성된 역사와 이야기가 담겨 있다. 사람은 물론 동물과 식물이 살기 전에도 땅은 존재했다. 또한 이토록 평화로운 순간에도 땅속 깊은 곳에서 무슨 일이 일어나고 있는지 우

리는 다 알지 못한다. 오름에 오르고 또 내려갈 준비를 하며
내딛는 한 걸음 한 걸음이 소중하게 느껴진다.

그림 2.4 어승생오름의 정상 ⓒ안웅산

그림 2.5 어승생오름의 가을 전경 ⓒ임재영

오름 이야기
세 번째

oreum
03

정상에서 다시 바다로

어승생오름 정상의 해발고도는 1,169미터다. 어승생 오름 인근에 위치한 어리목탐방안내소가 해발 970미터에 위치하니, 약 200미터만 더 가면 정상에 오를 수 있다. 정상에 오르면 제주 시내가 한눈에 보이고, 맑은 날에는 서쪽으로는 비양도까지 동쪽으로는 성산일출봉과 우도까지도 볼 수 있다. 힘들게 정상에 올랐을 때에만 만날 수 있는 이 풍경들에 더해 어승생오름에는 또 다른 신비로운 광경이 있다. 어승생오름 정상에 있는 산정 분화구 이야기다. 배꼽이 산모와 태아를 잇는 흔적이듯 마그마가 뿜어져 나온 분화구는 오름의 탄생을 알려 주는 흔적이다.

분화구는 대체로 오목한 사발 모양을 하고 있다. 이렇게 움푹 들어가 있다 보니 흙이나 돌 등 주변물들이 쓸려 내려와 쌓이게 된다. 이렇게 퇴적물들이 쌓이다 보면 물이 빠져나가지 못해 습지가 되거나 작은 호수가 된다. 한라산의 백록담을 비롯해 물장오리, 사라오름, 물영아리, 물찻 등에서 볼 수 있는 아름다운 산정 호수 역시 이런 과정을 거쳐 만들어진 것이다.

이렇게나 많은 오름에서 산정 호수를 볼 수 있다 보니 당연하게 느껴질 수 있겠지만 분화구가 호수가 되는 데는 생각보다 오랜 시간이 걸린다. 오목한 분화구는 분석들로 이루어져 있다. 대체로 분석은 엉성하게 쌓여 있어 물을 잘 통과시키기 때문에 분화구 내부에 물이 고이기에는 어려움이 있다. 물이 고이기 위해서는 분석 위에 퇴적물이 쌓이고 또 쌓여서 땅의 구멍을 막아야 한다. 그런데 순전히 자연의 힘으로 이런 과정을 거쳐 습지나 호수가 되려면 굉장히 오랜 시간을 필요로 한다.

대체 얼마나 오랜 시간이 필요한 걸까? 화산이 분출된 지 약 3,800년 된 송악산은 제주에 있는 오름 중 매우 젊은

그림 2.6 퇴적물이 아직 쌓이지 않은 송악산 분화구 ©안웅산

오름에 속한다. 인간의 역사에서라면 1,000년도 엄청난 시간이지만 제주 땅의 기원을 찾는 데 180만 년 전으로 거슬러 올라갔던 것을 기억하면 땅의 역사에서 3,800년은 아기나 다름없다. 이런 송악산 꼭대기에도 분화구가 있다. 하지만 아직 습지가 형성되지 않았다. 물이 고일 만큼의 퇴적물이 쌓이지 않았기 때문이다. 송악산의 3,800년도 습지가 되기엔 턱없이 부족한 시간인 것이다.

어승생오름 정상에 있는 분화구에는 이미 습지가 형성돼 있다. 퇴적물이 쌓여 물컹거리고, 습지 생물과 동물들의 흔적도 보인다.

어승생오름 분화구 내부에 고여 있는 작은 습지를 봤다면, 이제 눈을 돌려 어승생오름 정상에서 한라산을 바라보자. Y계곡(90~91쪽)의 멋진 풍경이 펼쳐질 것이다.

Y계곡의 초입부는 어리목탐방안내소로부터 약 1.5킬로미터 거리에 위치한다. Y계곡은 한라산 정상부에서 발원한 두 갈래의 하천이 어승생오름 인근에서 Y자 형태로 합쳐지기에 붙은 이름이다. 이렇게 합쳐진 하천은 무수천이란 이름으로 알작지 해변까지 흘러간다.

두 갈래 계곡에서는 끊임없이 물이 흘러내리는데 그중 오른쪽(서쪽) 계곡이 왼쪽 계곡에 비해 물의 양이 적어 올라가기에 비교적 수월하다. 오른쪽 계곡을 따라 80미터 정도 올라가면 이끼로 뒤덮인 독특한 폭포, 일명 이끼폭포(93쪽)를 만날 수 있다. 끊임없이 흐르는 물 때문에 생긴 초록의 이끼들이 폭포에 신비로운 느낌을 더한다.

제주를 이루는 화산암들은 1,100~1,200도에 이르는 높은 온도의 용암이나 화산쇄설물(화산재 등)이 굳어져 형성됐다. 높은 온도의 용암은 식으면서 수축되고 깨지기 때문에 그 틈으로 물이 쉽게 스며든다. 그렇게 스며든 물은 지하로 수직으로 흘러 들어간다.

　그런데 어떻게 Y계곡처럼 깊이 팬 계곡의 측면에서 지하수가 계속 흘러나오는 것일까? 물은 위에서 아래로 흐르는데 지하수는 어떻게 수직이 아닌 수평으로 흐르는 것일까?

　제주의 연평균 강수량은 1,142.8∼1,966.8밀리미터다. 이는 제주지방기상청과 소관 기상대 3개소(서귀포, 고산, 성산)를 기준으로 산정한 30년간(1981∼2010년)의 연평균 강수량이다. 제주는 지역별, 고도별 강수량 편차가 매우 크다. 실제로 같은 고도라 할지라도 한라산의 북서부에 비해 남동부에서 연간 약 1,000밀리미터 이상 더 많은 비가 내린다. 그뿐 아니라 고도가 100미터씩 상승할 때마다 연 강우량이 250∼200밀리미터씩 증가하는 특징도 보인다. 즉, 한라산 고지대로 갈수록 강우량이 많아진다. 한라산 고지대에 내린 많은 양의 비는 땅속으로 스며들어 지하로 흘러간다. 이렇게 지하를 흘러가던 지하수가 Y계곡의 사면으로 흘러나오는 것이다. 그렇다고 해도 역시 빗물이 더 깊은 지하로 내려가지 않고 측면으로 흐르게 된 이유에 대한 설명은 되지 못한다. 이에 대해서는 제주가 화산섬이라는 데 힌트가 있다.

　앞서 제주가 180만 년에 걸쳐 형성된 화산섬이라고

그림 2.7 어승생오름 정상에서 바라본 Y계곡 전경 ©임재영

이야기하긴 했지만 사실 그 기간 안에는 화산 분출이 일어난 시간보다 화산 분출이 없던 시간이 더 길 것이다. 또한 기록에 따르면 적어도 최근 1,000년 안에는 제주에 화산 분출이 없었다.

화산 분출이 없는 기간에는 어떤 일들이 일어날까? 화산 활동이 일어나지 않았다고 해도 그냥 지나가는 시간은 없다. 화산 활동으로 지표에 쌓여 있던 화산재가 바람이나 빗물에 의해 이동돼 쌓이기도 하고, 멀리 대륙에서 바람에 의해 날아온 황사가 적은 양이나마 차곡차곡 퇴적되기도 한다. 이렇게 오랜 시간에 걸쳐 쌓인 퇴적물은 쪼개짐이 많은 화산암들에 비해 빗물이 쉽게 통과할 수 없는 특성을 갖는다. 퇴적물이 분포하는 곳에서 빗물은 땅으로 잘 스며들지 못하고 지표를 따라 흐른다. 시간이 흘러 지표의 퇴적물이 또 다른 화산 활동에 의해 덮이면 이 토양은 예전부터 있던 토양이라고 해서 '고古토양'이라 불리게 된다. 지표의 퇴적물과 마찬가지로 땅속 용암층 사이에 끼어 있는 옛 토양, 즉 고토양은 빗물이 땅속으로 깊이깊이 스며드는 것을 막아 땅속에 머물거나 옆으로 흘러가게 하는 역할을 한다. 이끼폭포를 자세히 살펴보면 폭포의 가장 아래쪽에서 붉은 갈색을 띠는 고토양층을 발견할 수 있다. 상대적으로 물이 잘 통과하지 못하는 고토양층 때문에 지하수는 지하로 스며드는 대

그림 2.8 　Y계곡에서 관찰되는 이끼폭포 ⓒ임재영

신 수평 이동하고, 침식으로 인해 드러난 계곡 사면으로 물이 흘러나오게 된 것이다.

다른 한편으로 보면 Y계곡은 오랜 기간에 걸친 침식으로 제주의 땅속 깊은 곳을 흐르는 지하수의 흐름을 직접 관찰할 수 있는 곳이다. 땅속으로 들어가지 않고 땅속을 흐르는 물을 관찰할 수 있는 몇 안 되는 멋진 곳이라 할 수 있다. 이런 Y계곡을 꼼꼼히 관찰하고 조사한다면 제주 지하수의 흐름 특성을 밝히고 나아가 그 변화를 예측할 수 있는 장소로 활용할 수 있지 않을까? 또한 제주 지하수 함량의 변화를 예측할 수 있는 장소도 될 수 있을 것이다.

또한 Y계곡은 오랜 기간 중요한 수자원으로서의 역할을 해 왔다. 두 개의 계곡이 합쳐지는 지점에는 계곡에서 흘러온 물을 모으기 위한 작은 보가 설치돼 있다. 여기 모인 물이 한밝저수지(어승생 제1수원지)로 보내져 유용하게 사용되고 있으니 여러모로 소중한 자연 자원이라 할 수 있다.

모든 물이 저수지로 가는 건 아니다. 이 물길은 알작지 해변(96~97쪽)까지 이어져 있어서 결국엔 바다로 흐르는 셈이다. 물이 흘러 도착한 곳은 제주시 외도동 외도천 하류, 동글동글 작은 몽돌이 모여 해안을 이루고 있는 알작지 해변이다. 알작지 해변은 몽돌의 색상과 크기가 다양해 장관을 이루는 데다 파도가 밀려오고 나갈 때마다 돌들이 부딪쳐서 내는 와글와글 소리까지 더해져 사람들이 자주 찾는 명소가 됐다. 또한 2003년에는 문화유산으로도 지정된 바 있다. 그럼 이 다양한 색상과 질감의 돌들은 어디서 와서 어떻게 만들어진 걸까? 이쯤이면 눈치챘겠지만 이 돌들은 한라산의 고지대에서 발원한 계곡을 따라 떠내려온 것이다.

알작지 해변에서는 밝은색의 조면암을 비롯해 다양한 종류의 암석들을 관찰할 수 있다. 특히 검은색의 현무암 몽돌과 연갈색의 조면암 몽돌들이 관찰되는데 연갈색의 조면암 몽돌들은 도근천 상류, 족은두레왓에서 최초 발원해, 어승생오름과 아흔아홉골을 거쳐 외도동 해안에 도착한 것으로 보이는 기원 미상의 돌이다. 조면암 속에 검은 점처럼 보이는 포유체가 기원 미상 조면암임을 알려 주는 독특한 특징이다. 그렇게 흘러 내려온 돌이 파도에 의해 해안에서 바다로 다시 해안으로 이동을 반복하며 둥글고 매끈한 몽돌로 거듭나게 된 것이다.

땅속에 있던 마그마는 오름을 만들었고 그 과정에서 생겨난 돌들은 다시 바다까지 떠내려와서 해안을 이뤘다. 물은 땅이 만든 길을 따라 폭포를 이루고 계곡을 형성하며 일부는 사람들에게 공급되고 다른 일부는 바다로 흘러갔다. 이 모든 게 자연이 만들어 낸 산물이다.

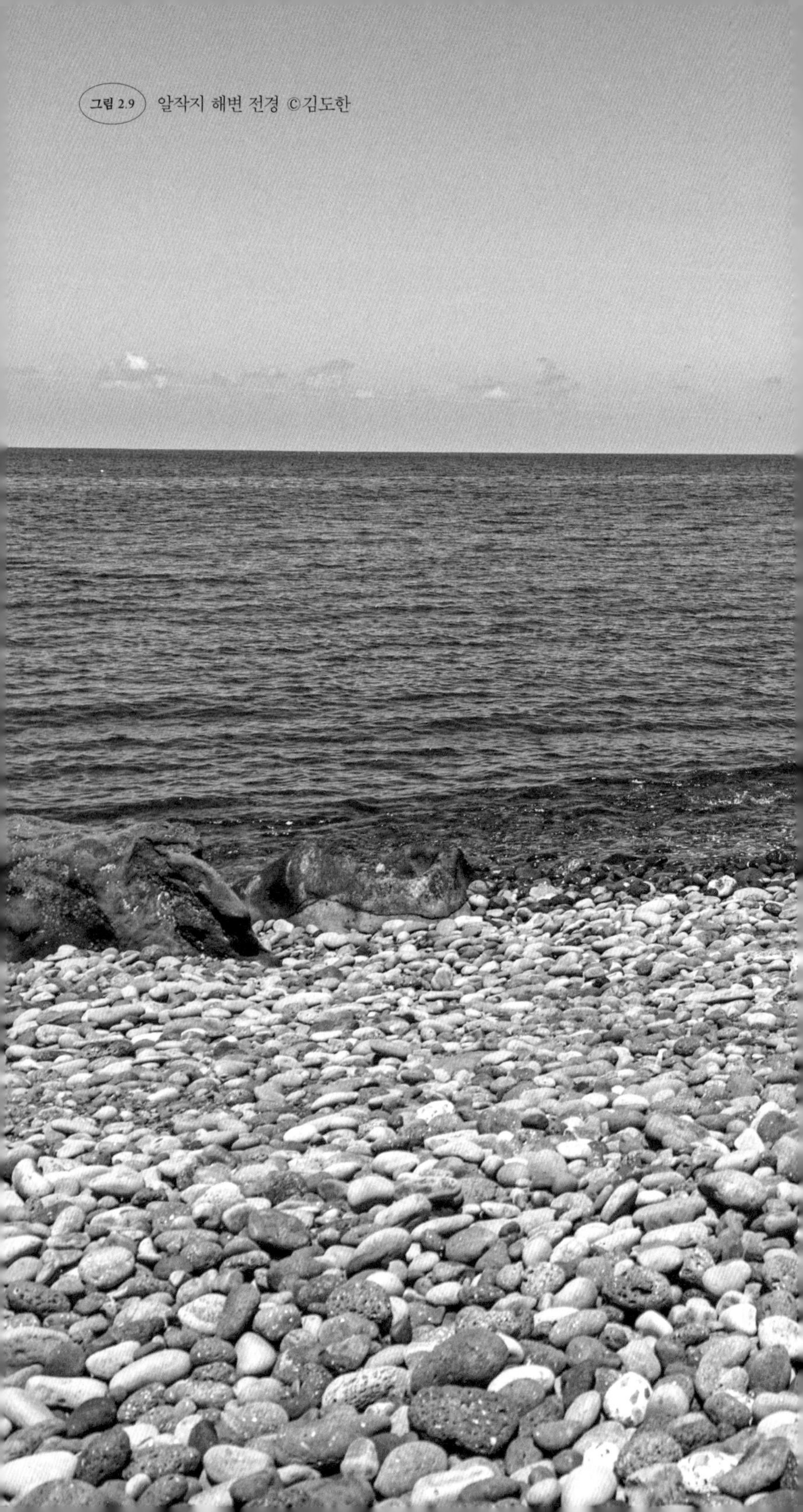

그림 2.9 알작지 해변 전경 ©김도한

　　지금까지 우리는 어승생오름이 어떻게 만들어졌는지 살펴보고 그 정상에 올랐다가 다시 계곡을 따라 내려왔다. 내려오는 길은 돌들과 함께라 외롭지 않았고, 그래서인지 다시 해안에서 만난 몽돌들이 달리 보인다.

　　다음 장부터는 이렇게 만들어진 어승생오름에 살고 있는 식물과 동물들에 대한 이야기가 이어질 것이다. 어승생오름의 숲에 와 있다고 상상하며 상쾌한 기분을 덤으로 느낄 수 있길 바라 본다.

그림 2.10 알작지 해변의 몽돌들 ©김도한

* part 3 *

plant story

식
물

이야기

구멍 뚫린 돌, 얕은 흙, 조릿대가 가득한 땅에서도
식물들은 뿌리 내리고 성장하고 열매를 맺고 또 나누는 법을 안다.

뿌리가 보이는 나무

plant
01

식물 이야기
첫 번째

어승생오름의 숲에는 여러 나무들이 살고 있다. 야생의 오름이다 보니 정돈된 숲이 아니라 나무에 대해 좀 안다는 사람들도 처음 들어서면 줄기는 갈색, 잎은 초록색으로 모두 비슷비슷하게만 보일 수 있다. '자세히 보아야 예쁘다'는 한 시인의 말처럼 어승생오름의 나무들도 하나씩 자세히 들여다보면 새로운 세계를 만날 수 있을 것이다.

나무의 시작은 어디서부터일까? 나무뿐 아니라 인간 및 모든 생명체의 근원을 우리는 흔히 '뿌리'라고 부른다. 세상에 뿌리 없이 시작되는 건 없다. 특히 식물에 있어 뿌리는 영양분을 공급하고 생명을 지탱하는 매우 중요한 기관이다. 뿌리가 있어야 식물이 자란다.

식물은 잎으로 호흡을 한다. 식물의 호흡에는 충분한 물과 영양분이 필요한데 이를 공급해 주는 것이 바로 뿌리다. 따라서 식물이 잘 자라기 위해서는 무엇보다 뿌리가 튼튼해야 한다. 잘 자라던 식물의 잎이 시들해졌다면 먼저 잎이 필요로 하는 물과 영양분의 양을 뿌리가 충족시켜 주지 못하고 있는 건 아닌지 확인해야 한다.

화분에서 식물을 키울 때 분갈이를 하는 이유도 이 때문이다. 분갈이를 하지 않으면 화분 안에 뿌리가 꽉 차서 흙에 물이나 영양분이 저장될 공간이 부족해지고 이로 인해 식물이 말라 죽을 수 있기에 더 큰 화분, 새로운 흙으로 교

그림 3.1 뿌리가 드러나 있는 팽나무 ⓒ송관필

체하는 것이다.

어승생오름의 탐방로를 따라 오르다 보면 흙 위로 튀어나온 뿌리들이 자주 보인다. 이것은 토양이 거친 탓에 뿌리가 깊이 들어가지 못하고 옆으로 뻗는 형태로 자라기 때문이다.

오름 산정 분화구의 남사면에는 짧고 가느다란 갈색 가지에 끝이 뾰족하고 작은 녹색 잎과 주황색의 작은 알갱이 같은 열매가 총총 매달린 나무가 눈에 들어온다. 어승생오름이 숲을 이룰 때 일찌감치 들어와 자리를 차지했지만 이제는 졸참나무, 팥배나무, 개서어나무 등에게 자리를 양보하고 있는 팽나무다.

학명 *Celtis sinensis*, 영어 이름 East Asian Hackberry 인 팽나무는 제주에서 흔히 볼 수 있는 나무 중 가장 대표적이다. 우선 마을 정자목이 대부분 팽나무고, 그 외에 마을 입구, 밭, 돌담 위 등에서도 쉽게 팽나무를 만날 수 있다. 특유의 적응력으로 활발하게 자라 금세 숲을 이루기 때문에 어승생오름에도 팽나무가 많다.

원래 식물의 뿌리에는 물과 영양분을 찾아 스스로 뻗어나가는 힘이 있다. 뿌리는 크게 심근(중앙에 땅속 깊이 들어가는 뿌리)이라고 하는 주근과, 주근에서 세포 분열돼 옆으로 뻗어 나오는 측근으로 나뉜다. 토양이 많은 지역에서는 주근이 땅속으로 깊이 뻗는 데 비해 어승생오름은 화산 활동으로 만들어진 오름이라는 특성상 토양의 깊이가 깊지 않다. 이런 환경에서도 팽나무는 나름의 생존방식으로 살아남았다. 우선 깊숙이 뻗을 수 없게 된 주근을 도와 나무를 지탱하기 위해 측근과 같은 작은 뿌리가 굵어졌고, 공중의 습기를 빨아들이고 강한 바람에도 잘 견딜 수 있도록 판근(땅과 수직으로 편평하게 뻗어 땅 위로 노출된 뿌리) 형태로 변화한 것이다.

숲의 가장자리에는 이처럼 뿌리가 깊이 들어가지 않고 옆으로 길게 뻗는 특징을 가진 나무들이 자란다. 어승생오름 숲 가장자리에 자리한 대표적인 나무가 두릅나무다.

학명 *Aralia elata*, 영어 이름 Korean Angelica-tree인 두릅나무의 경우, 기둥 높이는 3미터 정도인데 뿌리는 10미터 이상 옆으로 뻗기도 한다. 두릅나무와 같이 뿌리가 옆으로 뻗는 형태의 식물로는 쥐똥나무, 찔레나무 등이 있다. 이들은 대부분 심근 없이 지표면 바로 아래에 뿌리를 뻗고 옆으로 멀리 가는 특성이 있다.

이렇게 어디서든 잘 자라는 두릅나무의 뿌리는 줄기와 더불어 약재로 사용되는데 특히 진통, 이뇨작용에 좋다고 알려져 있다. 또한 두릅나무의 어린 순이나 잎은 '두릅' 또는 '두릅나물'이라 해서 봄철 식재료로도 활용된다. 데쳐

섬개벚나무 ©이니스프리모음재단

서 된장에 찍어 먹거나 무쳐 먹을 수 있다. 쓴맛이 강하지만 식욕을 돋워 준다.

이처럼 험한 땅에서도 잘 자라는 나무들이 있는가 하면 어승생오름에는 바위 위에서 자라 신비로움을 더하는 나무도 있다. 바로 일본과 제주에서만 자라는 식물로 알려진 섬개벚나무(107쪽)다.

학명 *Prunus buergeriana*, 영어 이름 Amur Cherry인 섬개벚나무는 줄기가 곧게 뻗고 생장이 빠르며, 아이보리색의 작은 꽃이 핀다. 열매는 작아서 빨간색이 될 때까지 잘 보이지 않는데 대부분의 열매는 성숙하기 전에 떨어지고 햇볕이 잘 드는 지역의 열매만 오래 남는다. 바위 위, 경사면 등 다양한 환경에서 자라지만 바위 위에서 자라는 개체는 판근이 발달하고 바위에 뿌리를 붙인 다음 땅속에 뿌리를 내리는 형태로 자란다. 특히 한라산 동부 지역에 많은 개체가 분포하며 해발 100~900미터에서 산다.

바위에 뿌리를 내린 식물이 어떻게 이렇게 잘 자랄 수 있는 걸까. 사실 바위만의 장점도 있다. 바위에 햇볕이 내리쬐면 따뜻하게 달궈지고 이 열기는 밤까지 지속된다. 이 열기 덕분에 낮은 기온에서도 뿌리가 잘 자랄 수 있는 것이다.

하지만 바위에서 영원히 살 수 있는 건 아니다. 시간이 흐르다 보면 바위에 균열이 생겨 부서지기 때문이다. 그

렇게 바위는 다시 흙으로 돌아가고 식물은 새로운 땅에 뿌
리를 내려 풍성하게 숲을 이룬다.

아낌없이 나눔

plant
02

식물 이야기
두 번째

나무는 생태계의 일부이지만 그 자체로 하나의 생태계가 되기도 한다. 오래된 나무 위는 새들의 천국이다. 맛있게 먹이를 먹은 새들은 나무 위를 날아다니다가 아무렇게나 배설을 한다. 이 배설물은 자연스레 나무줄기나 가지 사이 깨진 틈에 떨어지는데 그 자리에 다시 낙엽이나 주변의 먼지들이 배설물과 혼합돼 거름이 되고 이를 영양분으로 삼는 식물이 자라게 된다. 식물의 뿌리는 땅에만 내린다고 생각하기 쉽지만 어떤 식물은 고목의 가지와 가지 사이 영양분이 축적된 자리에서 자라나고, 또 어떤 식물은 나무줄기에 엉겨 붙어 산다. 나무줄기에 꼭 붙어 뿌리를 내리고 나무껍질을 뚫고 들어가 나무의 영양분을 흡수하며 성장하는 기생성 식물이 그것이다.

어승생오름에도 이런 식물들이 있다. 이들이 기생해서 사는 가장 대표적인 식물이 서어나무(112쪽)다. 어승생오름에서 서어나무를 찾고 싶다면 먼저 잎을 살펴보자.

학명 *Carpinus laxiflora*, 영어 이름 Loose-flower Hornbeam인 서어나무 잎은 길쭉한 타원형이고 가장자리에 톱의 날처럼 뾰족한 톱니가 있으며, 마치 새겨 넣은 듯 잎맥이 뚜렷하다. 나무에 잎이 무리지어 달려 있는 것도 특징이다.

오래된 서어나무 껍질에는 오돌토돌하게 얇은 코르크

그림 3.3 서어나무 줄기에서 자라는 나사미역고사리와 산일엽초 ⓒ 송광필

층이 생긴다. 이런 틈은 습기를 잘 머금기 마련인데 이 환경이 이끼나 콩짜개덩굴 등 양치류가 살기에 제격이다. 특히 어승생오름은 해발 800~1,200미터에 위치하고, 비가 많고 안개가 자주 끼는 등 습하기 때문에 이끼류나 고사리류가 착생하기 좋다.

서어나무에는 이런 착생식물뿐 아니라 붉은겨우살이 같은 기생식물도 잘 자란다. 붉은겨우살이 열매 속 종자는 아주 끈적끈적한 특징을 갖는다. 그렇다 보니 이 열매를 먹은 새가 배설하면서 그 배설물에 들어 있는 소화되지 않은 끈적한 종자가 나무줄기에 붙고, 여기에 적정 습도까지 더해지면 종자가 발아하는 건 시간문제가 된다. 발아와 동시에 뿌리를 내린 붉은겨우살이는 나무껍질을 뚫고 나무속까지 뿌리를 뻗는다.

붉은겨우살이가 이렇게 성장을 거듭하는 동안 기주식물인 서어나무는 어떻게 될까? 같이 잘 살아갈 수 있으면 좋겠지만 서어나무 입장에서는 영양분을 빼앗기는 셈이니 점점 약해질 수밖에 없다. 그러다 태풍이라도 만나면 결국 버티지 못하고 쓰러지고 만다. 서어나무에겐 안타까운 일이다. 하지만 서어나무가 쓰러져서 생긴 공간으로 햇볕이 들어오면 그동안 나무 그늘에 가려져 발아하지 못했던 종자들이 빛을 받아 발아를 시작할 수 있다. 이렇게 새로운 개체나

종이 공간을 메우게 되는 것이다.

자연 생태계에서 아낌없이 자신을 내어 주는 서어나무는 사람에게도 큰 쓸모가 있다. 제주에서는 서어나무가 표고 재배를 위한 자목으로 활용됐으며, 그 외에도 집의 기둥이나 지붕 재료, 숯의 원료 등 다양한 형태로 이용된다.

자연에 자신을 내어 주는 또 다른 나무가 있다. 서어나무만큼이나 줄기가 거친 비목나무도 여러 식물이 착생해 자라는 나무 중 하나다. 다만 나무껍질이 떨어지는 특징이 있어서 줄기에 착생한 식물들이 많아지면 점차 약해지다 결국 소멸되어 버린다. 주로 숲이 생성되는 초중기에 나타나는 식물로, 이미 숲이 발달한 어승생오름에는 그리 많지 않은 편이다.

학명 *Lindera erythrocarpa*, 영어 이름 Red-fruit Spice-bush인 비목나무는 봄에 노란색 꽃을 피우고 가을에 붉은색 열매를 맺는다. 9월 말에서 10월 말까지 열리는 이 열매는 특이하게도 열매가 아닌 열매꼭지에서 좋은 향이 난다. 대개 녹나무 계열 종에서 향이 나는데 비목나무도 비슷한 향을 낸다. '사랑의 열매'와 똑 닮은 이 열매는 의외로 독성이 있어서 먹을 수는 없다. 단, 비목나무 줄기는 약재로 활용되는데 예전에는 암에 좋다는 소문 때문에 껍질을 벗겨 팔기도 했으나 그 효능에 대해서는 밝혀진 바가 없다.

비목나무처럼 의학적 효능 덕에 유명해진 나무는 또 있다. 많은 이들에게 친숙한 고로쇠나무다. 과거 제주에서는 고로쇠나무를 활용한 기록이 없는데 현대에 이르러 고로쇠나무 수액이 위장장애, 변비 등에 탁월하다고 알려지면서 제주에서도 이를 채취하고 판매하는 사람들이 늘었다.

학명 *Acer pictum*, 영어 이름 Mono Maple인 고로쇠나무는 해발 400미터 이상의 낙엽활엽수림에 살며 제주 애월곶자왈과 교래곶자왈 지역에 많이 분포한다. 특히 제주는 눈이 거의 오지 않고, 봄이 비교적 빨리 오며, 내륙에 비하면 여름이 늦기 때문에 수액을 채취할 수 있는 기간이 비교적 긴 편이다. 하지만 고로쇠 수액의 효능은 민간에 전해지는 이야기일 뿐 의학적 근거는 없다. 어승생오름에도 고로쇠나무가 많지만 국립공원이자 천연보호구역이기 때문에 수액 채취는 불가하다. 덕분에 나무의 생육은 좋은 편이다. 고로쇠나무는 무늬가 아름다워 가구를 만드는 재료로도 활용되며 조경수로도 많이 쓰인다.

느티나무도 여러 용도로 활용되는 나무다. 느티나무의 학명은 *Zelkova serrate*, 영어 이름은 Sawleaf Zelkova이며 제주에서는 흔히 '굴무기낭'이라고도 부른다. 어승생오름에 있는 느티나무들은 대체로 키가 크지 않은 대신 가지가 많고 나무껍질 상태로 봤을 때 꽤 오래된 듯하다. 원래 느티나무는 내륙에서 정자목으로 많이 사용되고 있으며, 제주에는 그리 많지 않으나 성읍 민속촌 안에 키가 20미터가 넘는 고목들이 있다. 느티나무는 본래 생장이 빨라 집의 기둥이나 가구 또는 도구를 만드는 데 사용됐는데 특히 제주에서는 절구통이나 남방아를 만드는 데 많이 사용했다.

예전엔 한라산의 나무를 땔감이나 목재로 쓰는 경우가 많았다. 어승생오름에 있는 나무 또한 마찬가지였고 나무를 베어 내다파는 경우도 부지기수였다. 장작은 한아름, 즉 1.8미터 끈으로 열두 묶음을 '1팽'이라고 한다. 집에 결혼이나 장례가 있으면 보통 2팽, 즉 스물네 묶음이 필요했다. 당시 땔감은 생존을 위한 중요 물품이었다. 하지만 과거 제주의 오름에는 지금처럼 나무가 울창하지 않았다. 아니 어쩌면 울창할 여유가 없었다고 하는 편이 맞을지도 모르겠다. 솔방울 하나까지 모두 주워 땔감으로 쓰던 시절이었기 때문이다. 농사를 지을 변변한 땅조차 없던 이들에게 산은 보물과도 같은 존재였다.

이처럼 오름의 식물들은 동물과 사람들에게 아낌없이 자신을 내어 주었다. 제주 사람들의 삶과 오름은 불가분의 관계다. 오름에 의지해 살아왔다고 해도 무방하다. 오름은 식물을 채취하고 가축을 놓아기르는 생활 터이자, 육지와 동떨어져 섬 안에 갇혀 사는 사람들에게 너른 들판과 멀리 바다를 내다볼 수 있는 휴식 같은 공간이었다. 그리고 최근엔 여행객들이 찾는 인기 관광지이기도 하다. 하지만 우리는 과연 이런 자연과 식물들을 위해 무엇을 하고 있는지 다시 한번 생각해 봐야 할 때다.

습지에서 사는 법

plant
03

식물 이야기
세 번째

나무들을 훑어보고, 이런저런 생각에 잠기며 천천히 어승생오름을 오르다 보니 어느새 정상이다. 어승생오름 정상에는 분화구가 있다. 그리고 이 분화구에는 면적 약 2,500제곱미터 크기의 습지가 있다.

물에는 본래 다양한 식물이 자란다. 물에 사는 식물을 수생식물이라고 하는데 수생식물 중에도 토양에 뿌리를 내려 살아가는 식물과, 물에 떠서 사는 부유식물 두 종류가 있다. 뿌리를 내려 살아가는 식물들은 습지 가장자리 수심이 낮은 지역에서부터 세력을 넓힌다. 반면 부유식물은 습지 어느 곳이든 물만 있으면 뿌리를 내리며 자란다. 어승생오름의 산정 분화구에는 골풀과 비늘사초류가 많다.

학명 *Juncus decipiens*, 영어 이름 Common Rush인 골풀은 습지 내에 분포하는 습지식물이다. 높이는 50센티미터 정도에 잎이 가느다란데 의외로 활용처가 다양하다. 돗자리나 방석 등을 만들 수 있고, 말린 줄기는 약초로도 사용한다. 골풀이 자라는 습지에는 토양이 모이게 돼 있다. 이는 골풀뿐 아니라 물속에 뿌리를 내려 생활하는 모든 습지식물의 역할이기도

그림 3.4 골풀

하다. 뿌리를 내리는 식물들은 수심이 낮은 지역에서 먼저 세력을 키우고 물의 흐름에 따라 습지로 들어오는 유기물들이 머무는 장치를 만들어 토양이 모이게 하며, 습지가 퇴적돼 육지화하는 역할을 수행한다. 이처럼 주변의 유기물들이 습지로 모이면서 영양분이 쌓이면 그 물에서는 식물이 살 수 있게 된다.

만약 물을 끓여 증류수를 만들고 그 물에 식물을 살게 하면 어떻게 될까. 아마 식물은 시들시들하다 결국 죽게 될 것이다. 사람도 식물도 물만 먹고는 살 수 없다. 식물은 물에 떠 있는 각종 유기물들에서 만들어 내는 영양분이 있어야 살 수 있다.

이런 면에서 어승생오름 산정 분화구의 습지는 식물이 살기 좋은 환경이다. 주변에서 자라는 식물들의 낙엽이나 썩은 나뭇가지들에 묻어 있는 유기물, 노루나 동물들의 배설물 등이 빗물과 같이 녹아들며 훌륭한 영양분을 만들어 내기 때문이다. 이에 의지해 자라는 식물은 대부분 나무가 아닌 풀들로, 겨울에 줄기가 죽었다가 이듬해 봄에 새로 올라오기를 반복하며 성장한다.

습지는 이렇게 퇴적화를 거쳐 육지가 되기도 하는데 이 과정을 잘 보여 주는 것이 앞에서도 살펴본 바 있는 마르형 분화구 하논이다. 하논은 제주 유일의 논으로, 수생식물

그림 3.5) 하논 ⓒ임재영

이 주변에서 밀려온 낙엽들과 함께 습지에 쌓여 비옥한 토양이 된 것이다. 이렇게 퇴적된 지역에는 우리가 잘 알고 있는 부들, 갈대 등의 식물이 자라기 마련인데 어승생오름에서는 이런 식물들은 나타나지 않았다. 왜일까?

식물이 열매를 맺기 위해서는 꽃 사이를 부지런히 다니는 꿀벌이 있어야 한다. 꿀벌이 이곳저곳 꽃가루를 묻히고 다니며 뿌려 주어야 하기 때문이다. 그러나 어승생오름 근처에는 이런 중매쟁이 역할을 해 줄 매개가 없다. 주변에 인가가 없어 누군가 옷이나 신발에 홀씨 하나 붙여 옮겨다 주는 것조차 불가능하다. 보통 물에 사는 식물에게는 습지에 사는 새가 이런 역할을 하는데 물에서 먹이를 찾는 백로나 저어새, 기러기 등도 어승생오름 습지에는 오지 않는다. 철새들이 오기에는 습지가 작은 탓이다.

대신 어승생오름 습지 주변에는 제주조릿대 군락과 참억새가 있다. 제주조릿대는 어승생오름 정상에 있는 초지에서 참억새와 함께 자란다.

학명 *Sasa quelpaertensis*, 영어 이름 Broad-leaf Bamboo인 제주조릿대는 본래 1미터까지 자라는 식물이지만 오름의 초지에서는 20~30센티미터 정도 자라고 숲속 등 거름이 많은 지역에서 높이 자란다. 사실 제주조릿대는 다른 식물들을 뒤덮어 생장을 방해하기 때문에 제거해야 한다는 의견이 많다. 하지만 기후변화로 인해 폭우와 가뭄이 종잡을 수 없이 반복되는 요즘, 토양 쓸림이나 수분 증발 등을 막아 주는 순기능도 하고 있으니 함부로 건드릴 수는 없는 노릇이다.

제주조릿대는 대나무와 비슷한 특징이 있다. 대부분의 식물이 1년에 한 번 꽃과 열매를 맺는 데 반해 대나무는 주기를 알 수 없을 정도로 짧게는 4년 길게는 수십 년 만에도 꽃이 피고 열매를 맺으며, 한 번 꽃이 피고 열매를 맺고 나면 죽는다. 제주조릿대 역시 이와 유사한 생애 주기를 갖고 있다. 또한 제주조릿대의 어린잎은 차로 만들어 먹을 수

그림 3.6 제주조릿대

있고, 가늘고 탄력이 좋은 줄기는 조리로 만들어 쌀을 씻고 건져 낼 때 사용할 수 있다. 그리고 다른 지방에서는 바구니, 지붕 재료, 빗자루를 만드는 데도 조릿대를 사용했다.

조릿대만큼이나 참억새도 용도가 많다. 과거엔 주로 땔감용으로 많이 사용됐고, 제주 방언으로 '느람지'라 불리는 노적을 덮는 이엉으로도 활용됐다. 이엉은 대개 띠로 만들기는 하지만 띠가 부족할 때 가장 마지막 부분의 이엉은 억새로 만들기도 했다. 하지만 식물의 크기가 크고 줄기가 굵기 때문에 임시방편으로 사용했을 뿐 장기간 사용해야 하는 곳에서는 잘 사용하지 않았다.

물속에 뿌리를 내리는 또 다른 식물로는 미나리가 있다. 약초 냄새가 나는 산형과 식물인 미나리는 7월경에 흰색의 꽃을 피운다.

학명은 *Oenanthe javanica*, 영어 이름은 Java Water-dropwort인 미나리는 제주에서 '미내기', '미나기' 등으로도 불린다. 미나리는 물에서 키우는 미나리와 땅에서 키우는 미나리가 있는데 처마 밑이나 물항아리 주변에서 키우는 미나리는 붉은색을 띠고 향이 매우 강하기 때문에 '땅미나기'라 구분지어 부르는 이도 있다. 최근에는 수돗가 주변의 텃밭에서 키우는 사람들도 있다.

어승생오름 정상에 올라 아래를 내려다보니 기분이

상쾌하다. 제주가 한눈에 내려다보이기도 하지만 가까운 듯
먼 발치에 웅장하게 펼쳐져 있는 주변 산새가 정말이지 아
름답다. 그런데 저 거대한 자연도 실은 작은 식물들 하나하
나가 모여서 만들어 낸 풍경 아닌가. 어승생오름 산정 분화
구 습지에서 가느다란 잎을 바람에 찰랑이면서도 아래로는
있는 힘껏 흙을 움켜쥔 골풀처럼 자그마한 식물들 말이다.
대자연을 바라보다 문득 돌아본 눈앞의 작은 식물이 고마워
진다.

열매의 새콤쌉싸래한 맛

plant
04

식물 이야기
네 번째

이 키 큰 나무는 뭐지? 이제 슬슬 어승생오름을 내려
갈까 하면서 보니 얼핏 봐도 10미터는 족히 넘어 보이는 키
큰 나무 곁에서 새들의 맛있는 식사 시간이 한창이다. 식물
이 맺는 열매는 사람과 동물에게 귀한 먹거리가 된다. 어승
생오름에는 계절마다 맛있는 먹거리가 가득한데 심지어 추
운 겨울까지도 열매가 쉽게 떨어지지 않아 먹이를 찾는 새
들에게는 고맙기 그지없는 단골 식당이 되어 주고 있다.

어승생오름에서 가장 오래도록 남아 있는 열매는 마
가목과 팥배나무다. 마가목과 팥배나무 열매는 독성이 없어
서 사람도 먹을 수 있을 뿐 아니라 약재로도 활용되기 때문
에 더욱 유용하다.

학명 *Sorbus commixta*, 영어 이름 Silvery Mountain
Ash인 마가목은 보통 한라산 정상 부근에서는 크기가 6~7
미터 정도로 자라지만 어승
생오름 숲에서는 10~14미
터로 꽤 크게 자란다. 방
금 본 키 큰 나무가 바로
마가목이다. 주로 숲의 상층부
에서 자라고 열매는 줄기 끝 햇
볕이 잘 드는 곳에 맺힌다. 다른
나무들과 달리 잎이 하나씩 나는 것이

그림 3.7 마가목

아니라 하나의 잎에 작은 잎이 여러 개 달리는 형태이기 때문에 나뭇잎이 무성할 때는 열매가 잘 보이지 않다가 낙엽이 지는 가을부터 열매가 눈에 띄기 시작한다. 그렇게 겨울철 새들에게 소중한 먹이가 되고도, 이듬해 초까지 열매가 남아 있기도 하다.

학명 *Aria alnifolia*, 영어 이름 Korean Mountain Ash인 팥배나무는 5~6월에 배꽃 같은 흰색의 꽃이 달리고, 작은 사과 모양의 빨간 열매가 맺히는 나무다. 키는 15미터까지도 자라며 열악한 환경에서도 잘 자라기 때문에 어승생오름에서는 바위 위에 뿌리를 내려 큰 나무로 자란 개체들도 확인됐다. 마가목과 마찬가지로 숲의 상층부에서 자라면서

그림 3.8
팥배나무

햇볕이 잘 드는 줄기 끝에 열매가 맺힌다.

다만 팥배나무는 신맛이 강해 그다지 맛은 없다. 나무 껍질은 염료로 활용할 수 있다지만 제주에서 팥배나무 줄기를 염료로 활용했다는 기록은 없다. 제주에서 주로 염료로 사용하는 건 갈옷을 만들 때 쓰는 감나무 열매다. 감나무는 가지가 곧고 길게 뻗는 특징이 있으며 수형이 매우 우수해 조경수로도 각광받고 있다.

빠지직. 발밑에서 들리는 소리에 뭔가 싶어 슬그머니 발을 떼어 보니 아깝게도 자그마한 도토리가 깨져 버렸다. 어승생오름에서 도토리를 보았다면 근처에 졸참나무가 있다는 증거다. 학명 *Quercus serrate*, 영어 이름 Konara Oak인 졸참나무는 서어나무, 개서어나무와 같이 어승생오름 숲의 상층부에 위치한다. 대개 상수리나무 같은 참나무과 식물들이 도토리 열매를 맺는데 어승생오름에서 도토리 열매를 맺는 나무는 졸참나무가 유일하다. 졸참나무처럼 도토리 열매를 맺는 나무들은 보통 중력을 이용해 번식한다. 종자가 무겁기 때문에 낙하하는 높이에 따라 또는 어디에 부딪치는지에 따라 멀리 이동할 수

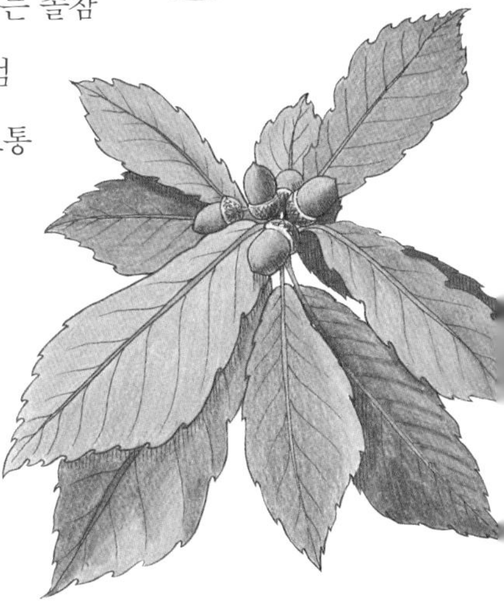

그림 3.9 졸참나무

있기 때문이다. 뿐만 아니라 멧돼지나 다람쥐, 새들의 먹이로도 활용돼 분변이나 먹이 모으기 등에 의해 이동해 멀리 퍼지기도 한다. 도토리는 예로부터 산짐승들에게 매우 유용한 식량으로 알려져 있으며 특히 멧돼지와 다람쥐 등에게 중요한 먹거리다. 졸참나무 열매로 도토리묵을 만들어 먹을 수도 있는데 상수리나무에 비해 열매가 작기 때문에 효율성은 떨어진다.

봄이 되면 어승생오름을 포함한 제주 일대에도 벚꽃이 만개한다. 일주도로변에 있는 왕벚나무에 꽃이 피기 시작할 즈음이면 어승생오름의 올벚나무도 꽃을 피운다. 올벚나무는 왕벚나무와 같이 꽃이 잎보다 먼저 피는 식물로 왕벚나무보다 꽃이 일찍 핀다. 그 뒤에 왕벚나무, 벚나무, 산벚나무 순으로 꽃이 핀다.

학명 *Prunus spachiana f. ascendens*, 영어 이름 Wild-spring Cherry인 올벚나무는 왕벚나무보다 꽃이 작기 때문에 그 화려함은 덜하지만 잎보다 먼저 피고 제법 아름답다. 벚나무와 산벚나무는 잎과 같이 피거나 잎보다 늦게 핀다. 6월이 되면 벚나무들에 검붉은색의 열매가 익는데 이즈음 산에는 먹을 것이 많지 않은 때라 새의 먹이로 매우 유용하다. 하지만 올벚나무 열매는 독성은 없는데 새도 사람도 거의 먹지 않는다. 올벚나무 열매가 맛이 없어서라기

보다는 대체로 주변에 상동나무, 멍석딸기, 찔레 열매 등 맛있는 열매들이 많기 때문이다. 특히 상동나무 열매는 벚나무 열매보다 달고 맛있어서 따서 그대로 먹거나 술을 담가 먹기도 하는 등 사람들에게 더 인기 있다.

다래 열매 역시 사람들에게 꽤 인기가 있다. 학명 *Actinidia arguta*, 영어 이름 Hardy Kiwi인 다래는 과거에는 찾아보기 힘든 식물이었다. 하지만 숲이 늘면서 숲 주변에서 쉽게 볼 수 있는 식물이 됐다. 다래 열매는 대개 가을 무렵에 맛있게 익는데 10월에 고구마 가을걷이를 하면서 힘들고 허기질 때 그 옆에 열려 있는 다래 열매를 따 먹곤 했다

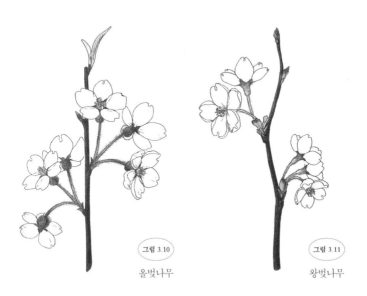

그림 3.10

올벚나무

그림 3.11

왕벚나무

고 전한다. 다래 열매의 맛은 열매 상태나 성숙도에 따라 다르지만 영어 이름에서 알 수 있듯 대체로 키위 같은 맛이라고 할 수 있다.

맛있는 다래는 제주에서 특히 특별한 식물이다. 제주 해녀들은 물질을 할 때 수확한 해산물을 '태왁'이라는 소쿠리에 담는데, 태왁의 테두리를 만드는 데 다래 줄기를 사용했기 때문이다. 또한 '골체'라고 하는 삼태기의 테두리를 만들 때도 활용됐다. 다래 줄기가 잘 휘어지면서도 튼튼해 실생활에 유용하게 사용되었던 듯하다.

제주에는 세 가지 종류의 다래가 있다. 그중 흔한 게 다래와 개다래고, 섬다래는 매우 드물다. 다래와 개다래의 차이는 무늬에 있다. 다래 잎은 백색 무늬가 없는 반면, 개다래 잎에는 잎의 1/3가량에 흰색 무늬가 있다. 또한 다래 열매는 둥글고 단데 개다래 열매는 길고 뾰족하며 쓴맛이 강하기 때문에 잘 먹지 않는다. 다만 개다래의 열매는 약으로 사용된다.

다래가 사람이 좋아하는 열매라면 윤노리나무 열매는 새들이 사랑하는 열매다. 학명 *Pourthiaea villosa*, 영어 이름 Oriental Photinia인 윤노리나무는 장미과 식물로 열매 색이 유난히 붉다. 열매 크기가 비교적 작아서 처음엔 잘 보이지 않는데 어느 정도 익으면 특유의 빨간색이 눈에 잘 띈다. 나무 그늘에서는 열매가 잘 맺히지 않고 주로 햇볕이 드는 숲 가장자리에 맺히며 참새와 양비둘기가 특히 즐겨 먹는다. 독성이 없어서 사람도 먹을 수 있지만 우리 입엔 맛이 좀 밋밋하다. 윤노리나무 줄기 역시 다래 줄기처럼 단단하지만 잘 휘어진다. 게다가 가늘고 길어서 소의 코뚜레나 회초리를 만들 때 사용됐다. 잘 휘어지고 감싸는 특성 때문에 피부에 꽤 깊은 상처가 날 수 있다고 한다.

보리수나무 열매는 사람도 새도 모두 좋아하는 열매다. 새 중에서는 특히 산비둘기와 꾀꼬리가 보리수나무 열매를 좋아한다. 학명 *Elaeagnus umbellata*, 영어 이름 Autumn Oleaster인 보리수나무는 제주 전역에 자라는 낙엽활엽수로 키가 4미터까지도 자라는 관목이다. 봄에는 아이보리색으로 꽃이 피고, 가을에는 빨간 열매를 맺는데 열매에 은빛 점이 있다. 이 열매는 달달하고 신맛이 있으나 씨가 커서 먹기 편하지는 않다. 또한 잎이 작고 중간중간 가시가 있지만 다행

그림 3.12

보리수나무

히 신경 쓰일 정도는 아니라 새나 동물들에게 좋은 먹이가 된다.

어승생오름을 내려오는데 딸기 모양의 빨간 열매가 달린 나무가 눈에 들어온다. 가을에 딸기라니 의아하겠지만 이 나무는 제주에서 '틀낭'이라고도 부르는 산딸나무다. 예전엔 잘 보이지 않았는데 최근에는 조경수로도 많이 활용되고 있어 도심에서도 종종 보인다. 학명 *Cornus kousa*, 영어 이름 Korean Dogwood인 산딸나무는 숲에서는 대개 키가 10미터 이상 자라지만 단독으로 심으면 약 8미터 내외로 자란다. 꽃잎이 크고 화려해 6월 말 산에 흰색 산딸나무 꽃이 덮이면 장관을 이룬다.

어승생오름에서는 상층에서 살짝 아래쪽에 많이 분포하는데 간혹 상층에서 사는 개체들도 있다. 햇볕이 많이 드

그림 3.13 산딸나무

는 데서는 꽃도 많이 피고, 열매도 많이 열린다. 독성이 없어서 새나 동물의 먹이로 꽤 인기가 있으며 특히 직박구리가 많이 먹는다. 중산간 지역에 사는 사람들에게는 가을 간식거리로도 많이 활용됐고, 열매뿐 아니라 산딸나무의 꽃과 줄기도 약재로 쓰여 모두에게 고마운 식물이다.

　물론 모든 식물의 열매가 이렇게 유용한 건 아니다. 어승생오름 숲 안쪽에서 사는 굴거리나무는 어승생오름이 위치한 해발고도에 많이 분포하는 상록활엽수다. 학명 *Daphniphyllum macropodum*, 영어 이름 Macropodous Daphniphyllum인 굴거리나무 열매는 오랫동안 포도송이처럼 달려 있는 게 특징인데 잎과 줄기에 알칼로이드계 독성 물질이 함유돼 새나 가축이 먹은 뒤 중독 증상을 보일 수 있어 각별

그림 3.14) 굴거리나무

한 주의를 요한다. 다행히 어승생오름에서는 안쪽 깊숙이 자리해 눈에 잘 띄지는 않는 편이다.

지금까지 어승생오름에 사는 식물의 열매가 얼마나 동물들과 사람에게 유용한지에 대해 살펴보았다. 하지만 야생의 열매를 채취할 때는 조심할 필요가 있다. 일반인들은 어떤 열매가 독성이 있는지 없는지 판단하기 어렵기도 하고, 몸에 좋고, 맛있는 열매라고 해서 다 따가 버리면 동물들의 먹이가 그만큼 줄어드는 것이기 때문이다. 게다가 동물들은 열매를 먹고 씨앗을 다시 숲으로 돌려주지만 인간은 그렇지 않기 때문에 자칫 잘못하면 다음 해부터는 그 열매를 먹을 수 없게 될지도 모른다.

대표적인 예가 오미자나무 열매다. 학명 *Schisandra chinensis*, 영어 이름 Five-flavor Magnolia Vine인 오미자나무는 제주 사람들에게 더없이 친근한 나무 중 하나다. 제주 사람들은 해마다 오미자철이 되면 오일장에서 오미자를 한 바구니 사 와서 반은 설탕에 절였다가 물과 얼음을 넣어 음료로 마시고, 나머지 반은 술을 부어 담금주를 만들어 마시곤 했을 정도로 오미자를 좋아한다. 그중에서도 특히 흑오미자가 유명하다.

카페가 많지 않던 때는 1100고지 휴게소에서 오미자차를 마시는 게 대단한 여흥처럼 여겨지기도 했고, 제주 특산품 중에서도 오미자차는 최고의 인기 상품이었다고 한다. 또한 1980년대 중반까지도 윗세오름에서 한대오름 지경으로 오미자 열매를 따러 올라가는 사람들이 많았는데 대개 한번 올라갔을 때 한 말 정도를 따서 내려왔고, 한 말의 시중 판매가는 5만 원 정도였단다. 당시 남성 성인의 일당이 1만 5,000원 정도였던 점을 감안하면 꽤 괜찮은 가격이었다고 할 수 있다. 다만 오미자의 특성상 나무기둥을 타고 올라가서 열매를 따야 했기 때문에 나무를 타기에 몸이 비교적 가벼운 여성이 유리했다. 반면 나무 타기가 어려운 남성의 경우 오미자를 따기 위해 나무를 베어 버리기도 했다.

이런 무분별한 채취는 흑오미자의 개체수를 기하급수적으로 줄어들게 만들었고, 지금은 한라산 지경에서 흑오미자를 거의 볼 수 없게 됐다. 한라산 등지에 소와 말 방목이 금지됨에 따라 조릿대나 잡풀들이 왕성해지는 바람에 오미자나무가 뿌리 내리기 어렵게 된 영향도 있지만 한라산 오미자나무 멸종의 가장 큰 요인은 결국 사람이었다고 해야 할 것이다. 적정선을 찾지 못하고 생태계에 대한 과도한 개입으로 질서를 파괴한 대가는 우리에게 고스란히 돌아오게 되어 있다. 이제라도 사람과 동물에게 소중한 먹거리이자 약이 되는 식물의 열매에 대해 감사와 더불어 소중한 마음을 가져야 할 것이다.

※ part 4 ※

animal story

동물

이야기

험준한 산세, 인적 드문 숲속, 사시사철 흐르는 물.
어승생오름은 언제나 동물들의 안식처이자 쉼터가 돼 주었다.

동물들의 집짓기

animal
01

동물 이야기
첫 번째

칙칙칙.

가을바람이 겨울을 재촉하는 어승생오름에 작고 단조로운 소리가 들린다. 다름 아닌 굴뚝새 소리다. 세계 5대 명금鳴禽에 속하는 굴뚝새가 어쩐 일인지 쉰 소리를 내며 돌아다닌다. 봄과 여름 내내 목청 높여 지저귀다 보니 가을이 되면서 목소리가 제대로 나오지 않는 모양이다. 그나마 다행이라고 해야 할까? 사실 새들에게 혹독한 계절이라 할 수 있는 가을과 겨울에는 한가로이 지저귈 여유가 없다. 이 사실을 누구보다 잘 알고 있을 굴뚝새가 여기저기 부지런히 돌아다니며 먹이를 찾는 모습을 보고 있자니 한편으론 앙증맞으면서도 다른 한편으론 측은하다.

참새목 굴뚝새과에 속하는 굴뚝새는 몸길이 10센티미터 정도의 정말 작은 새다. 우리나라에서 흔하고 제주에서도 적은 수가 번식하고 있다. 제주에서는 굴뚝새를 흔히 '고망생이'라고 부르는데 돌담 구멍 속을 들락날락하며 돌아다닌다고 해서 붙은 이름이다. '고망'은 제주 사투리로 구멍이고 '생이'는 새라는 뜻이다. 굴뚝새의 학명은 *Troglodytes troglodytes*, 영어 이름은 Winter Wren이다. 작은 몸이 전체적으로 어두운 갈색을 띠고 있으며 부리는 가늘고 짧고, 꼬리는 위로 살짝 들려 있다. 눈썹선은 가늘고 흰 편이지만 뚜렷하지는 않다. 이는 암컷과 수컷 모두에게서 나타나는 공

어승생오름 숲의 나무들 ©이니스프리모음재단

통적인 특징으로 암수 사이에 큰 차이가 없어 둘을 구분하기는 쉽지 않다.

한여름 어승생오름 이곳저곳에서는 '쪼로로로로로 쪼로로로' 하며 짝을 찾아 둥지를 지으려는 굴뚝새들의 노래 경연이 펼쳐진다. 굴뚝새는 처마나 건물 틈에 둥지를 틀고 번식했는데 최근에는 산이나 물가 근처 암벽 틈이나 흙이 노출된 교목 뿌리에 둥지를 만들고 있다. 그런 면에서 어승생오름은 굴뚝새가 지내기에 제법 좋은 환경이다. 작은 계곡이 많은 어승생오름에는 흙이 쓸려 내려가면서 조릿대뿌리나 나무뿌리가 겉으로 드러난 곳이 많기 때문이다. 어승생오름에서 굴뚝새 둥지를 보고 싶다면 흙이 쓸려 간 계곡 경사면에 튀어나와 있는 뿌리 안쪽을 유심히 살펴보자.

그림 4.2

굴뚝새

하지만 어승생오름의 겨울은 너무 춥고 먹을 것을 구하기도 힘들다. 그 때문에 어승생오름의 계곡에서 봄, 여름, 가을을 지낸 굴뚝새는 겨울이 되면 다른 곳으로 떠나는 듯하다.

굴뚝새가 사라진 숲속을 바라보는데 바위 위에 드러난 나무뿌리가 눈에 들어온다. 뿌리는 세월을 머금고 굵어져서 이제는 뿌리인지 줄기인지 구분이 되지 않을 정도다. 그 옆에 오소리가 굴을 파놓았다. 데크 근처에서 먹이를 찾았는지 조릿대와 식물의 뿌리가 드러나 있다. 조릿대를 비롯해 고사리 등 식물의 가늘고 긴 수염 같은 뿌리는 둥지를 만드는 재료로 유용하다. 탐방로 주변이나 어승생오름 여기저기 오소리가 파놓은 굴이 본의 아니게 둥지를 짓고 있는 새들에게 도움이 되는 셈이다.

식육목 족제비과에 속하는 포유류인 오소리의 학명은 *Meles meles*, 영어 이름은 Eurasian Badger다. 몸길이는 약 70센티미터 정도에 머리는 작고 어두운 갈색을 띠며, 몸통은 크고 통통한데 꼬리는 짧다. 오소리의 가장 큰 특징이라면 누가 뭐래도 뺨과 옆 목, 그리고 몸통에서 머리꼭대기까지 가로지르고 있는 흰색의 굵은 띠다. 이 흰색 띠는 멀리서도 쉽게 오소리를 알아볼 수 있게 해 준다. 또한 오소리의 주둥이는 길고 뭉툭한 반면 귀는 작으며, 다리가 짧은 대신 발톱은 길고 날카롭다. 이런 신체적 특징은 굴을 파는 데 최적화된 것이라고도 할 수 있다. 먹이를 찾기 위해서도, 잘 곳을 만들기 위해서도 오소리에게 땅 파기 실력은 필수이기 때문이다.

오소리는 먹이를 찾기 위해 돌아다닐 때를 빼고는 대부분 땅속에 파 놓은 자신만의 아지트, 굴에서 시간을 보낸다. 평상시에도 이럴진대 겨울에는 오죽할까. 추위가 시작되는 11월 말에서 12월 초가 되면 오소리는 어김없이 겨울잠을 자기 위해 땅속으로 들어간다. 그렇다고 겨울 내내 땅속에만 있는 건 아니고 겨울 중에도 따뜻한 날에는 잠깐씩 바깥나들이를 한다.

그림 4.3 오소리

전국 산지에 널리 분포하고 있는 오소리는 1966년 체신부(현 정보통신부)에서 발행된 대한민국우표 동물 시리즈에도 등장했을 정도로 우리에게 친숙한 동물이었다. 그런데 안타깝게도 과거 병의원이 발달하지 않았던 시대에 오소리의 쓸개와 기름이 몸에 좋다는 소문이 돌면서 치료 또는 보양의 목적으로 오소리를 남획하는 사람들이 늘었다. 곰과 비슷한 습성을 가져 작은 곰이라고도 불리는 오소리는 쓸개 성분 또한 곰과 닮아 서민들에게 웅담으로 여겨졌고, 웅담보다 구하기 쉽다는 장점까지 있었다. 이런 이유에서 마을 근처에 살던 오소리들의 상당수가 사라졌고 지금은 사람이 접근하기 어렵거나 거의 없는 지역에서 명맥만 유지하고 있다.

다행히 과거에 사람들의 접근이 쉽지 않았던 어승생오름에는 아직 오소리가 남아 있다. 사람과 오소리의 쫓고 쫓기는 싸움은 사람 가까이서 살던 오소리를 사람 손이 닿지 않는 곳으로 내쫓았고 결국 살아남은 오소리들이 어승생오름에 터를 잡은 것이다.

오소리 덕분에 동박새, 노랑턱멧새, 흰배지빠귀, 방울새가 둥지 재료를 얻게 됐다. 살뜰하게 챙겨 간 재료들로 어떤 둥지를 짓는지 한번 살펴보자.

동박새는 덤불가지나 나뭇가지에 매달려 있는 둥지를 짓는다. 동박새 둥지는 간장 종지보다 살짝 큰 정도로 자그마한데 주로 고사리 뿌리처럼 가느다란 식물 뿌리나 동물의 털, 약간의 이끼를 주재료로 해서 만든다. 우선 가는 뿌리나 동물의 털을 거미줄처럼 서로 얽어매 예쁘고 앙증맞은 둥지를 지은 다음 보호색을 위해 밖에 이끼를 붙이는 식이다. 그리고

그림 4.4 동박새

둥지 안에는 아무것도 깔지 않는 게 포인트인데 이렇게 하면 비가 올 때는 빗물이 밖으로 잘 빠지고 더울 때는 바람이 솔솔 통하기 때문에 장마에도, 한여름 더위에도 끄떡없다.

동박새는 참새목 동박새과에 속하며 학명은 *Zosterops japonicus*이고 영어 이름은 Japanese White-eye다. 제주에서는 '돔박생이'라고도 부르며, 몸 윗면은 노란색이 섞인 녹색, 옆구리는 옅은 밤색을 띠고, 눈 주변에 선명한 흰색 테두리가 있는 게 특징이다. 또한 동박새는 비번식기에 무리를 지어 먹이를 찾아다닌다.

동박새가 나무에 대롱대롱 매달린 둥지를 짓는 동안 노랑턱멧새는 땅바닥에 오목하게 둥지를 짓는다. 밥그릇 모양의 둥지에 마른 풀줄기와 풀뿌리를 얽어매면 완성이다.

둥지를 짓는 일은 그리 어렵지 않지만 둥지를 땅에 짓다 보
니 자칫 장마철에 물난리가 나는 건 아닌지가 노랑턱멧새에
겐 가장 큰 걱정거리다. 그래서 노랑턱멧새는 무엇보다 물
이 고이지 않을 만한 적당한 장소를 물색하는 데 심혈을 기
울이고 가끔은 키 작은 나무에 둥지를 짓기도 한다.

　　참새목 멧새과의 텃새인 노랑턱멧새의 학명은 *Ember-
iza elegans*, 영어 이름은 Yellow-throated Bunting이다. 몸
길이는 16센티미터 정도이고 뒷머리에 짧은 뿔깃이 있는 게
특징이다. 노랑턱멧새의 암컷과 수컷은 몸 색깔의 차이로
구분할 수 있다. 수컷의 경우 머리꼭대기, 눈, 가슴은 검은
색, 눈썹선과 턱, 목은 노란색을 띠며 옆구리에 갈색의 세로
줄무늬가 있는 게 특징이고, 암컷의 경우 수컷에 비해 몸 색

그림 4.5 노랑턱멧새

깔이 옅다. 노랑턱멧새는 봄이 되면 서로 정답게 지저귀며 둥지를 짓고, 겨울이 되면 무리를 지어 다니며 땅 위에 떨어진 풀씨를 주워 먹는다.

흰배지빠귀는 커다란 나무줄기 사이에 둥지를 짓는다. 역시 풀뿌리와 마른 풀줄기 그리고 이끼를 이용하는데 가끔 살아 있는 풀줄기가 섞여서 둥지가 초록색을 띠기도 한다. 머리가 좋은 흰배지빠귀가 위장을 위해 일부러 살아 있는 풀줄기를 넣은 것이다. 동박새나 노랑턱멧새와 달리 흰배지빠귀는 둥지 안에 낙엽 등을 깔아 알이 최대한 따뜻하게 유지될 수 있게 한다. 주로 숲속 키 큰 나무에 둥지를 짓기 때문에 여름 내내 그늘이 지고 비가 와도 나뭇잎에 튕겨져 둥지로는 비가 많이 들지 않는다.

흰배지빠귀는 참새목 지빠귀과에 속하고, 학명은 *Turdus pallidus*, 영어 이름은 Pale Thrush다. 제주에서는 '직구리'라고도 부르며, 몸길이는 23센티미터로 아주 작지는 않다. 흰배지빠귀도 암컷과 수컷의 몸 색깔로 구분할 수 있는데 암컷은 전체적으로 연한 갈색을 띠는 반면 수컷은 머리가 몸통보다 어두운 갈색을 띤다. 이들의 주식은 곤충이나 지렁이, 열매 등이며 흰배지빠귀가 땅 위를 뛰어다니며 낙엽을 들추고 있다면 먹이를 찾고 있는 것이다.

방울새는 소나무와 삼나무 꼭대기 근처 나뭇가지에

둥지를 짓는다. 흰배지빠귀처럼 나뭇가지 위에 둥지를 얹어 놓는 형태다. 언뜻 보기에는 깃털로 만든 것 같지만 자세히 보면 고사리 뿌리 같은 가는 뿌리, 이끼, 동물의 털이 들어가 있다. 빈틈없이 빽빽하게 채워진 둥지에서 뿌리는 동물의 털과 깃털을 얽어매는 역할을 한다. 흰배지빠귀와 달리 방울새는 알이 놓일 자리에 특별히 뭔가를 깔지는 않는다. 둥지를 만드는 주재료가 깃털이다 보니 부드러운 솜털이나 깃털을 굳이 깔 필요가 없나 보다.

방울새는 참새목 되새과에 속하는 텃새로, 학명은 *Carduelis sinica*, 영어 이름은 Grey-capped Greenfinch이며, 몸길이는 14센티미터 정도다. 머리와 목은 녹색을 띠는 회색, 등과 허리, 가슴과 배는 밤색이며, 날개와 꼬리에는 노란색의 무늬가 있는 게 특징이다. 암컷은 수컷에 비해 몸 색깔이 옅다. 새끼 방울새는 몸에 검은색의 반점이 흩어져 있다. 방울새의 주식은 유채씨, 해바라기씨 등의 종자나 풀씨, 솔씨 등이며, 번식기에는 둥지 만들기에 전념하지만 그 외에는 무리를 지어 다니곤 한다.

이처럼 새들은 저마다 다양한 형태의 둥지를 짓는다. 방울새처럼 침엽수 나뭇가지 위에 얹은 듯 둥지를 짓는 새가 있는가 하면, 되지빠귀는 굵은 나무줄기 사이에 둥지를 짓고, 멧비둘기는 가는 나뭇가지를 엉성하게 엮은 둥지를,

오목눈이는 나무줄기에 이끼를 붙인 둥지를 짓는다. 앞에서 본 노랑턱멧새처럼 아름드리 나무 대신 조릿대 사이로 힘겹게 싹튼 작은 관목 같은 나무나 넝쿨에 둥지를 짓는 새도 있다. 빽빽한 조릿대 줄기 사이로 둥지를 만든다는 게 쉬운 일은 아니지만 그만큼 또 둥지가 외부에 노출되는 일이 적기 때문에 번식에는 나쁘지 않다.

　　되지빠귀는 참새목 지빠귀과에 속하는 새로, 학명은 *Turdus hortulorum*이고 영어 이름은 Grey-backed Thrush다. 제주에는 여름에 찾아오는 여름철새인데 몸길이가 23센티미터 정도 되고 암수의 몸 색깔이 서로 다르다. 수컷은 머리와 가슴, 등이 회색, 옆구리는 주황색을 띠는 데 반해 암컷의 경우 몸 위쪽은 갈색이고, 가슴에 검은 반점들이 흩어져 있다. 다만 부리는 둘 다 노랗다. 대체로 나무줄기 사이에 둥지를 짓고 숲속에서 번식하며, 지렁이나 곤충 애벌레를 주로 먹지만 때때로 열매를 먹기도 한다.

　　멧비둘기는 비둘기목 비둘기과에 속하고, 학명은 *Streptopelia orientalis*, 영어 이름은 Oriental Turtle Dove다. 몸길이는 33센티미터 정도에, 암수 모두 눈이 붉고 몸 아래쪽은 회갈색, 옆목에는 검은색과 회색의 줄무늬가 뚜렷하다. 도심이나 농촌 어디서나 흔히 볼 수 있는 멧비둘기는 씨앗이나 열매를 주식으로 하는데, 어린새에게는 외부에서 잡은 먹이를 먹이지 않고 몸 안에서 생성돼 목 쪽 모이주머니를 통해 나오는 피존밀크를 먹인다.

오목눈이는 참새목 오목눈이과의 텃새로, 학명은 *Aegithalos caudatus*, 영어 이름은 Long-tailed Tit다. 몸길이가 14센티미터 정도라고는 하지만 몸통이 7센티미터, 꼬리가 7센티미터 정도로 꼬리가 길고, 부리는 짧은 게 특징이다. 뺨, 머리꼭대기, 가슴, 배는 흰색, 아래꼬리덮깃은 분홍색, 날개와 꼬리는 검은색이다. 오목눈이는 나무줄기나 나뭇가지 사이에 이끼와 거미줄을 이용해 길쭉하게 둥지를 만드는데 나무의 꼭대기층을 돌아다니며 먹이를 찾고, 번식기가 지나면 여러 마리가 무리를 지어 돌아다닌다.

새들이 바쁘게 둥지를 짓고 있는데 둥지 주변으로 검은 그림자가 어슬렁거렸다. 숲속의 무법자인 큰부리까마귀다. 둥지 속 알이나 새끼를 약탈해 먹어치우는 큰부리까마귀가 등장하자 일대가 순식간에 긴장 상태가 됐다. 어승생오름에 사는 새들은 큰부리까마귀 때문에 고민이 많다. 최근 큰부리까마귀가 근처에 놀러 온 척 날아와서는 둥지를 약탈하려다 어미새에게 발각돼 줄행랑치는 일이 잦아졌기 때문이다. 그런데 여기에 또 한 녀석이 합세했다. 바로 까치다. 어디서 왔는지도 모를 까치가 큰부리까마귀와 똑같은 짓을 해대니 새들의 걱정이 두 배가 됐다.

큰부리까마귀는 참새목 까마귀과의 텃새로, 학명은 *Corvus macrorhynchos*, 영어 이름은 Large-billed Crow다. 길이 약 57센티미터 정도 되는 몸 전체가 이름대로 검은색이고, 큰 부리가 머리와 급한 경사를 이루고 있다. 여름에는 곤충이나 다른 둥지의 알 또는 새끼를 약탈해 먹고, 겨울에는 나무 열매나 땅 위에 떨어진 열매를 주워 먹는다.

큰부리까마귀의 무자비한 행보에 합세한 까치 역시 큰부리까마귀와 마찬가지로 참새목 까마귀과에 속하는데 학명은 *Pica pica*이고 영어 이름은 Black-billed Magpie다. 몸길이는 46센티미터 정도 되는데 어깨깃과 날개 끝의 흰색을 제외하고 몸 윗면은 광택이 나는 검은색, 배는 흰색, 긴 꼬리는 검은색으로, 암수 모두 같은 색을 띠어서 구분이 쉽지 않다. 까치 역시 여름에는 곤충이나 다른 둥지를 약탈해 알이나 새끼를 먹고, 겨울에는 나무 열매를 먹는다. 어승생오름에서는 주로 여름에 어승생 수원지에서 관찰된다.

애써 지은 둥지와 소중한 알을 한순간에 빼앗긴 다른 새들에게는 더없이 안 된 일이지만 큰부리까마귀와 까치 역시 험난한 야생에서 살아남기 위한 행동이니 마냥 비난할 수만은 없다. 둥지를 짓는 것만큼이나 중요한 게 먹고사는 일이다. 어승생오름의 인기 메뉴들을 다음에서 확인해 보자.

맛집을 찾아라

animal
02

동물 이야기
두 번째

어승생오름에 새들이 모이는 이유 중 하나는 바로 열매 맛집이 있기 때문이다. 이 열매 맛집의 단골은 누가 뭐래도 직박구리다.

참새목 직박구리과에 속하는 직박구리의 학명은 *Hyp-sipetes amaurotis*, 영어 이름은 Brown-eared Bulbul이며, 제주에서는 '비추' 또는 '직구리'라고도 불린다. 몸길이는 약 28센티미터이고, 전체적으로 회갈색을 띠는데 뺨에 밤색의 무늬가 뚜렷한 게 특징이다. 번식기에는 서로 똑 닮은 암수가 쌍으로 지내다가 번식기가 지나면 무리를 지어 다니며 시끄럽게 운다. 우리나라에서도 전역에 두루 분포하고, 제주에서도 흔한 텃새다.

그림 4.6

직박구리

제주 여기저기를 다니며 먹이를 찾던 직박구리들이 어승생오름으로 날아온 건 신선한 열매 나무들 때문이다. 주목, 비목나무, 참식나무, 남오미자, 으름덩쿨, 멀꿀, 굴거리나무, 산뽕나무, 천선과나무, 다래, 찔레, 떡윤노리나무, 팥배나무, 곰의말채나무, 겨우살이, 송악, 팔손이, 쥐똥나무, 가막살나무, 청미래덩쿨 등등 다 이야기하려면 입이 아플 정도다.

식탐 많은 직박구리들이 가장 좋아하는 계절은 역시 여기저기서 빨간 열매가 익어 가는 가을이다. 열매를 발견한 직박구리들은 목청을 한껏 높이며 친구들에게도 이 기쁜 소식을 알린다. 사실 직박구리가 가장 좋아하는 건 감귤나무, 멀구슬나무, 산뽕나무, 송악, 상동나무, 감나무 열매인데 어승생오름에는 이 중 송악 정도만 있고, 나머지는 따뜻한 남쪽에서나 볼 수 있는 나무들이다.

빨간 열매가 주렁주렁 탐스럽게도 달린 마가목 꼭대기에 직박구리들이 모여들었다. 직박구리들은 주변을 살피며 부지런히 열매를 따 먹는다. 잘 익은 열매면 다 맛있게 먹을 줄 알았는데 밥투정을 하는 직박구리가 있다. 마가목은 열매 양도 많고 맛도 좋지만 비슷하게 생긴 가막살나무 열매는 시큼한 맛이 별로인지 가막살나무 열매를 한 입 가득 삼킨 직박구리가 얼굴을 찡그린다. 떡윤노리나무 열매는 맛이 있긴 한데 찾기가 어렵고, 청미래덩굴은 크기도 적당하고 색깔도 예쁜데 부리로 잡는 순간 푹하고 꺼져 버려서 먹기도 전에 뱉었다고 불평을 늘어놓는 직박구리도 있을지 모르겠다. 한겨울 탐방로를 올라가는 길에 아직 빨간 열매가 달린 나무가 있다면 그건 새들이 별로 좋아하지 않는 열매라고 생각하면 된다.

　　사람들에게 '부먹', '찍먹'이 있듯 직박구리들 사이에도 먹는 방법이 크게 둘로 나뉜다. 열매를 통째로 꿀꺽 삼키는 '꿀꺽형'과 부리로 열매를 쪼아 먹는 '쪼아먹기형'이다. 대체로 작은 열매는 꿀꺽 삼켜서 먹고, 큰 열매는 쪼아서 먹는데 직박구리가 먹는 80여 종의 열매 중 대부분은 '꿀꺽형' 열매다. 열매를 통째로 삼키는 건 직박구리에게도 좋지만 열매에게도 좋다. 열매를 한입에 꿀꺽 삼킨 직박구리는 멀리 날아가서 배설을 하는데 고맙게도 직박구리의 소화기관은 열매 속 종자를 소화시키지 못한다. 그러다 보니 종자는 배설물과 함께 고스란히 배출되고, 땅에 떨어져 새로운 곳에서 싹을 틔운다. 같은 종의 나무가 한곳에 모여 자라다 보면 살아남기 위한 경쟁이 치열해질 수밖에 없다. 그런데 직박구리 덕에 새로운 장소로 가서 더 번창할 수 있으니 직박구리는 한번에 배를 채워서 좋고 나무는 개체를 널리 퍼뜨릴 수 있어서 좋은 셈이다.

열매를 먹으며 한창 떠들던 직박구리들의 표정이 사뭇 어두워 보인다. 최근 어승생오름에 열매가 줄어서일까. 겨울이면 직박구리들도 어승생오름을 떠나 열매가 많은 저지대 과수원 등지로 날아간다. 겨울 산행에서 직박구리를 보기 힘든 건 그 때문일 것이다. 그래도 어승생오름이 좋아서 겨울에도 떠나지 않는 직박구리들이 나무에 남아 있는 열매와 송악 등을 찾아 먹는다.

부지런히 열매를 먹던 직박구리 중 하나가 새된 소리를 낸다. 침입자가 날아들었기 때문이다. 직박구리만 사는 곳이 아니다 보니 열매를 찾아 다른 새가 날아드는 건 당연한 일이다. 처음엔 한껏 경계하던 직박구리들이 풍성한 열매 앞에 여유가 생겼는지 이내 경계를 풀고 다시 먹는 데 집중한다.

맨 처음 날아온 새는 마가목 열매가 익을 때쯤에는 대개 먼 바다를 건너 월동지에 가 있어야 하는 흰눈썹붉은배지빠귀다. 흰눈썹붉은배지빠귀는 아직 먹을 열매가 남았는지 어승생오름을 떠나지 않았다. 이에 뒤질세라 땅과 나무 위를 열심히 돌아다니며 먹이를 찾는 호랑지빠귀는 뭐에 놀랐는지 금세 날아가 버린다. 지빠귀들 사이에서 직박구리가 누군가를 찾는 듯 두리번거린다. 아마도 여름에 친구가 된 검은지빠귀의 근황이 궁금한 모양이다. 여름에 지빠귀들

끼리 이웃해 둥지를 만들고 새끼를 키웠을 테니 서로 잘 알지 않을까 싶겠지만, 오히려 같은 먹이를 두고 새끼를 키워야 하는 상황이다 보니 행여 다툼이 생기지는 않을까 염려한 지빠귀들은 서로 부딪치지 않게 떨어져 생활한다. 그러니 검은지빠귀의 소식을 다른 지빠귀들은 알 리 없다. 다만 여기 없는 걸 보면 이미 번식을 마친 검은지빠귀가 서둘러 겨울 날 곳을 찾으러 떠난 듯하다고 추측만 할 뿐이다. 아쉽지만 직박구리도 겨울이 되면 고향인 어승생오름을 떠나 먹이가 있는 곳을 찾아나서야 한다.

흰눈썹붉은배지빠귀는 참새목 지빠귀과에 속하며, 학명은 *Turdus obscurus*, 영어 이름은 Eye-browed Thrush다. 몸길이는 22센티미터 정도 되며, 수컷은 머리와 목이 회색, 등과 날개가 갈색, 가슴과 옆구리는 주황색인 반면, 암컷은 머리가 갈색이다. 이렇게 수컷과 암컷의 색이 다르지만 둘 사이에는 공통점이 있다. 이름에서 알 수 있듯 둘 다 흰색 눈썹선이 있다는 것이다. 흰눈썹붉은배지빠귀는 나무에서 열매를 따 먹거나 땅 위에서 곤충을 잡아먹는다. 우리나라에는 봄과 가을에 적은 수가 들렀다 떠나고, 제주에는 정말 극소수가 들렀다가 가는 나그네새다.

흰눈썹붉은배지빠귀 옆에서 같이 먹이를 찾던 호랑지빠귀 또한 참새목 지빠귀과에 속하는 제주의 텃새다. 학명은

Zoothera dauma, 영어 이름은 White's Thrush이고, 제주에서는 '좀녀새'라고 불린다. 28센티미터가량 되는 몸의 위쪽은 누런 갈색, 아래쪽은 흰색이며, 몸 전체에 검은 비늘 무늬가 있다. 호랑지빠귀 역시 흰눈썹붉은배지빠귀 못지않게 숲속 바닥에서 민첩하게 먹이를 찾아다니는데 낙엽을 들춰서 지렁이를 잡아먹기도 한다. 혹시라도 새벽녘이나 밤에 '호오-' 하며 가늘고 긴 금속성 소리로 우는 호랑지빠귀를 만난다면 열심히 구애 중인 것이니 응원해 주는 것도 좋겠다.

검은지빠귀도 마찬가지로 참새목 지빠귀과에 속한다. 학명은 *Turdus cardis*이고 영어 이름은 Japanese Thrush다. 주로 봄과 가을 이동 시기에 보이는 나그네새인데, 제주에서는 여름에 가끔 관찰된다. 몸길이는 22센티미터 정도 되며 수컷의 머리와 얼굴, 가슴, 날개가 모두 검고, 몸 아래쪽은 흰 바탕에 검은색 반점이 흩어져 있다. 노란 부리와 눈테가 특징이다. 검은색을 띠는 수컷과 달리 암컷의 몸 위쪽은 녹갈색에 가깝고, 옆구리와 날개 아래는 주황색, 가슴과 옆구리에는 흑갈색 반점이 줄지어 있는 등 전혀 다른 색을 띠어서 암수 구분이 쉽다. 검은지빠귀도 대부분 땅이나 나무 위에서 곤충 또는 나무 열매를 따 먹는다.

열매라고 해서 다 먹음직스럽게 생긴 건 아니다. 가끔은 이거 열매 맞나 싶을 만큼 알아보기 힘든 경우도 있다.

그럼 때죽나무에 달려 있는 동그란 것도 열매일까? 서어나무나 단풍나무에 날개처럼 달려 있는 것도 열매일까? 결론은 모두 열매가 맞다. 열매라고 하면 대개 빨갛고 탐스러운 무언가를 상상하기 쉽지만 때죽나무 열매는 빨갛지도 탐스럽지도 않다. 서어나무와 단풍나무 씨앗 또한 과육으로 둘러싸이지 않고 씨앗만 덩그러니 달려 있기 때문에 흔히 생각하는 열매와는 다르다. 열매는 씨앗을 품고 있고 그 씨앗은 후대를 이어가기 위한 디딤돌이니 과육에 덮여 있지 않아도 열매라고 할 수 있다.

제주에서 '종낭'이라고 불리는 때죽나무는 신경계를 교란시키는 독성이 있는 나무다. 그렇다 보니 아무도 때죽나무 열매는 안 먹는 줄 알았는데 먹는 새가 하나 있었다. 바로 곤줄박이다. 직박구리도 종자에 독성이 있는 주목의 열매를 먹긴 하지만 곤줄박이와는 다르다. 앞서 이야기했듯 직박구리는 종자를 소화시키지 않고 그대로 배설하기 때문에 종자에 있는 독성에는 영향을 받지 않을 수 있다. 그런데 곤줄박이는 다르다. 곤줄박이는 종자의 속을 쪼아서 먹기 때문이다. 가을과 겨울 무렵 숲의 어딘가에서 부리로 무언가 쪼는 소리가 가느다랗게 들린다면 그건 딱다구리가 아닌 곤줄박이일 것이다(딱다구리가 나무를 쪼는 소리는 좀 더 크다). 먹을 것이 없는 늦가을과 겨울에 숲속 어딘가에서 곤줄박이가 때죽나무 열매를 먹기 위해 발로 꽉 움켜쥐고는 부리로 부지런히 쪼아대고 있는 모습을 떠올려 보자. 어, 그런데 독성이 있는 때죽나무 열매를 먹어도 곤줄박이는 괜찮은 걸까?

때죽나무 열매를 풀어놓은 물에 물고기를 넣었더니 멀쩡하던 물고기가 둥둥 떠오른 것을 보고 물고기를 떼로 죽인다고 하여 때죽나무라는 이름이 붙었다고 하는데 때죽나무 입장에서는 억울할 노릇이다. 물고기가 떠오른 건 죽은 게 아니라 잠시 기절한 것이기 때문이다. 때죽나무의 열매 껍질에는 독성이 아닌 마취 성분이 있다. 하지만 마냥 억울해할 수만도 없는 게 오래 방치하면 죽음에 이를 수도 있는 건 맞다.

때죽나무는 제주 사람들의 생활과도 밀접하게 관련돼 있다. 물이 귀하던 시절에는 빗물을 받아 사용하곤 했는데 이때 지붕에서 떨어지는 빗물을 '지산물', 나무를 통해 흘러내린 물을 '참받음물'이라고 했다. 사람들은 참받음물을 받을 때 주로 때죽나무를 이용했다. 때죽나무 가지에 띠를 엮어 빗방울이 흘러내리도록 한 것이다. 이렇게 받은 물은 일주일만 지나도 변질되는 샘물과 달리 오랜 기간이 흘러도 썩지 않고 물맛이 그대로였다고 한다. 때죽나무에서 내려받은 참받음물에 청개구리를 넣어 보기도 했다는데 이건 아

그림 4.7 곤줄박이

마도 때죽나무의 독성을 확인하기 위한 방법이었을 것이다. 척박한 땅에서도 잘 자라는 때죽나무는 화산섬 제주, 특히 어승생오름과 꽤 잘 어울리는 나무다.

때죽나무는 곤줄박이에게 먹이를 제공해 주지만 곤줄박이는 때죽나무에게 특별히 해 주는 게 없다. 열매를 먹고 종자를 퍼뜨려 주는 직박구리와 달리 곤줄박이는 종자 속까지 다 쪼아 먹기 때문이다.

참새목 박새과에 속하는 곤줄박이의 학명은 *Parus varius*이고 영어 이름은 Varied Tit다. 몸길이는 14센티미터 정도이며, 암수 모두 크기, 모양, 몸 색깔이 비슷해 외형만 보

(그림 4.8) 되새

고는 구분이 어렵다. 곤줄박이의 뺨은 연한 갈색이고, 날개와 등, 꼬리는 회색이며, 가슴은 연한 갈색, 배는 붉은 갈색을 띤다. 머리와 턱, 목은 검은색인데 뒷머리에는 흰색 줄무늬가 있다. 곤줄박이는 숲의 중간층과 꼭대기층에서 먹이를 찾으며 겨울에는 주로 땅에 떨어진 나무 열매를 주워서 단단한 부리로 깨 먹는다. 우리나라에서는 흔히 볼 수 있는 텃새로, 제주에서는 주로 중산간 지대에서부터 관찰된다. 탐방로 인근에서 먹이를 찾는 곤줄박이의 모습을 종종 볼 수 있지만 탐방객들이 반가워서인지 아니면 내 영역에 들어와서 거슬린다는 뜻인지 도통 알 수 없는 경계음을 내 이목을 끈다.

　　과육 없이 씨앗만 달려 있는 서어나무와 단풍나무 열매가 취향인 새도 있다. 되새라는 녀석인데 멀리 퍼져 나가야 할 씨앗이 싹도 틔워 보지 못하고 되새의 먹이가 되니 나무 입장에서는 안타깝기 그지없다. 주로 겨울에 관찰되는 되새는 서어나무, 단풍나무, 팥배나무 등의 씨앗을 부리로 조곤조곤 까서 훌러덩 먹어 버린다.

　　참새목 되새과에 속하며, 학명은 *Fringilla montifringilla*, 영어 이름은 Brambling이다. 몸길이는 16센티미터 정도 되는 겨울철새다. 신기하게도 계절에 따라 몸 색깔이 달라져서 여름에는 머리와 등, 날개 꼬리가 검은색, 목과 가슴, 어깨깃은 주황색, 옆구리에 검은색 반점이 나 있다가 겨울이 되면 검은색 부분이 갈색으로 바뀐다. 여름에는 곤충을 먹고 그 이외의 시기에는 땅 위나 나무에서 나무 열매나 씨앗을 먹는다.

　　어떻게든 살아남기 위해 먹이를 찾아야 하는 치열한 야생에서 새들의 노력이 눈물겹지만 함께하는 친구들이 있기에 이들은 외롭지 않다.

물가에 모두 모여서

animal
03

동물 이야기
세 번째

숲속 어딘가에서 어렴풋이 무슨 소리가 들리는데 새 소리라기엔 낯설다. 잘 들어 보니 청개구리 소리인 것 같다. 개구리는 물에서만 볼 수 있다고 생각하는 사람들이 많지만 그렇지 않다. 사실 개구리는 물이 아닌 곳에서 더 많이 보인다. 개구리가 되면 대부분 물에서 나와 뭍을 돌아다닌다. 특히 청개구리는 숲속에서 주로 생활하기에 숲에서 흔히 만날 수 있다. 대개 나무줄기를 기어 다니고, 잎에 붙어서 먹이를 찾고 있을 것이다. 초록빛이 무성한 계절에 청개구리를 눈으로 본다는 건 쉽지 않은 일이지만 소리는 들을 수 있다. 청개구리 소리를 기억해 뒀다가 숲에서 청개구리 소리가 나면 소리가 이끄는 쪽으로 조심스레 다가가 숨은 그림을 찾듯 청개구리를 찾아보는 건 어떨까.

그림 4.9 청개구리

청개구리는 무미목 청개구리과의 양서류로, 학명은 *Hyla japonica*, 영어 이름은 Tree Frog다. 몸길이는 2.5~4센티미터 정도인데 몸 윗면은 녹색이고 눈 뒤로 어두운 갈색의 띠가 있다. 장소에 따라 몸 색깔을 바꾸는 특징이 있어서 어두운 곳에 있으면 갈색, 밝은 곳으로 나오면 도로 녹색이 된다. 주로 거미, 애벌레 등을 잡아먹으며 앞뒤 발가락에 흡판이 발달돼 있어 나뭇잎에 붙거나 나무줄기를 타고 올라가기에 적합하다. 알은 몇 개씩 묶어서 여러 곳에 흩어 낳고 한 쌍이 200~350개 정도의 알을 낳는다.

어승생오름은 물을 많이 품은 산이다. 정상은 물론 깊숙한 계곡, 혹은 낮은 개울에 맑은 샘물이 흐른다. 어승생오름 정상의 습지는 사시사철 물이 고여 있는 건 아니지만 비가 오면 제법 큰 습지다운 면모를 보여 준다. 이곳은 야생동물들의 식수로 목욕터로 그리고 어떤 동물에게는 산란터로 중요하다.

물에 사는 걸 좋아하는 동물로 흔히 떠올릴 수 있는 게 바로 앞서 이야기한 개구리와, 개구리를 먹이로 하는 뱀이 아닐까 싶다. 그런 의미에서 연못 주변에 개구리들이 있나 하고 눈을 부릅뜨고 찾았는데 쉽게 보이지는 않는다. 아마도 개구리를 잡아먹기 위해 산책로 여기저기에 뱀들이 똬리를 틀고 있기 때문일 것이다. 뱀은 어찌저찌 피했다고 해도 큰부리까마귀가 나뭇가지에 앉아 매서운 눈으로 땅을 내려다보고 있으니 개구리는 도통 맘 편히 다닐 수가 없다.

　그때 어디선가 '꾹꾹' 하는 소리가 들렸다. 소리가 나는 곳을 따라 두리번거려 보니 무당개구리가 습지에서 네 다리를 쭉 펴고 일광욕을 즐기고 있다. 사람 출입이 없는 곳이라 인기척에 놀라 물속으로 쏙 들어갈 줄 알았는데 웬걸 알렉산더 대왕에게 "내 햇빛을 가리지 마시오!"라고 말했다던 그리스의 철학자 디오게네스만큼이나 유유자적이다.

　무당개구리는 무미목 무당개구리과의 양서류로, 학명은 *Bombina orientalis*고 영어 이름은 Oriental Fire-bellied Toad다. 몸길이는 4∼5센티미터이며, 몸은 녹색, 갈색을 띠고, 그 위에 불규칙한 검은색 반점이 흩뿌려져 있는 게 특징인데 제주에 사는 무당개구리들은 대체로 어두운 갈색을 띤다. 배는 독특하게도 붉은색 또는 주황색으로, 위협을 느끼면 몸을 뒤집어 붉은색 배를 보임으로써 적에게 독이 있음을 알린다. 피부에서는 흰 독액이 분비된다. 주로 곤충을

그림 4.10　무당개구리
ⓒ이니스프리모음재단

먹고, 산란은 계곡 물에 하는데 알을 뭉치지 않고, 물 위에 떠다니는 나뭇잎이나 나뭇가지, 돌 표면에 작은 알덩이를 붙이는 식이다.

그런데 이 작은 무당개구리가 전 세계 개구리들을 벌벌 떨게 했다니 믿어지는가? 무당개구리는 유럽과 아시아에 주로 서식하고, 우리나라에서도 흔히 볼 수 있다. 화려하면서도 앙증맞은 겉모습 덕에 북미, 남미, 호주 등에 애완용으로 판매되기 시작했는데 이게 재앙이 되어 버렸다. 무당개구리 몸에 있는 항아리곰팡이가 문제가 된 것이다. 항아리곰팡이는 동물의 피부에 서식하며 피부병을 유발한다. 피부로 호흡하는 양서류에게는 치명적이지만 오랫동안 항아리곰팡이와 생활해 온 무당개구리는 내성이 생겨 크게 영향을 받지 않는다. 하지만 타국에 살던 개구리에게 항아리곰팡이는 큰 독이다.

올챙이 시절을 물에서 보낸 개구리는 다 자라면 물 밖으로 나온다. 물 밖으로 나오면서 허파 호흡을 시작하지만 허파만으로 완전한 호흡을 하지 못하기 때문에 피부 호흡이 동시에 이루어진다. 허파를 가진 양서류가 물속에서 오래 머물 수 있는 것도 물속 산소가 피부를 통해 몸 안으로 들어가는 피부 호흡 덕분이다. 이처럼 대다수 개구리들에게는 피부 호흡이 중요한데 피부에 곰팡이가 생기면 피부 호흡을 제대로 할 수 없게 되고 결국 질식해서 죽을 수도 있다.

수출된 무당개구리가 자연에 버려지면서 무당개구리 피부에 있던 항아리곰팡이가 다른 개구리들에게 옮아갔고, 이로 인해 많은 개구리들이 멸종 위기에 처했다고 하니 인위적으로 동식물을 이동시킬 때는 반드시 자연과 생태계를 위해 신중한 고민이 필요하겠다는 생각이 든다.

무당개구리가 일광욕하는 습지 옆 물웅덩이에서 동글동글 올챙이가 열심히 개구리가 되기 위한 수련을 하고 있다. 습지 주변에는 개구리만 사는 게 아니다. 작은 물웅덩이 안을 살그머니 들여다보면 제법 맑은 물을 헤엄치는 올챙이들을 볼 수 있다. 물웅덩이에 사는 올챙이들은 대개 물웅덩이 바닥에 쌓여 있던 낙엽이 부식되면서 생긴 부유물을 먹고 살아간다.

만약 이른 봄에 어승생오름 물웅덩이에서 올챙이를 발견했다면 그건 틀림없이 큰산개구리 올챙이일 것이다. 큰산개구리는 1월에도 산란한 알을 발견할 수 있을 정도로 일찍 알을 낳기 때문이다. 물웅덩이나 개울 안 동그란 공 모양의 알집 속에는 검은색의 작은 알이 하나 들어 있는데 이런 알을 500~2,000개 정도 낳으며 알 덩어리를 만든다. 우리나라 전국 어디에나 서식하며 제주에서는 윗세오름 인근 습지에서 10월까지도 올챙이가 관찰된다.

　　큰산개구리의 본명은 사실 따로 있다. 큰산개구리의 원래 이름은 북방산개구리인데 2020년 12월에 개명해 공식 명칭이 큰산개구리로 바뀌었다. 바뀐 지 얼마 되지 않아 북방산개구리가 더 익숙한 사람들도 있겠지만 차츰 큰산개구리 이름에도 익숙해지지 않을까.

　　큰산개구리는 무미목 개구리과에 속하는 양서류로, 학명은 *Rana uenoi*, 영어 이름은 Korean Large Brown Frog다. 몸길이는 6~7센티미터인데 몸은 어두운 갈색을 띠고 뒷다리에는 검은색의 굵은 띠가 여럿 있다. 눈 아래쪽으로도 굵고 검은색의 띠가 보인다. 곤충, 거미, 지렁이 등을 주식으로 해서 보통 숲속 바닥을 돌아다니며 먹이를 찾는데 제주조릿대가 땅을 덮고 있어 큰산개구리를 찾기란 쉽지 않다.

　　물웅덩이를 헤엄치는 올챙이들 옆으로 새끼 제주도롱뇽도 보인다. 아가미가 몸 밖으로 나와 있고 다리가 네 개 보이는 것이 영락없는 제주도롱뇽이다.

　　제주도롱뇽은 유미목 도롱뇽과에 속하는 양서류이며 학명은 *Hynobius quelpartensis*, 영어 이름은 Cheju Salamander다. 학명의 'quelpart'는 제주를 지칭하고, 영어 이름에도 제주의 영어 표기인 'Cheju'가 들어간다(지금은 제주 영어 표기가 'Jeju'이지만 이름을 정할 당시에는 'Cheju'였다). 제주도롱뇽은 남해안까지도 분포하긴 하나 명실공히 제주의 대표 양서류다. 제주도롱뇽의 몸길이는 7~12센티미터 정도에 몸이 길고 다리는 짧으며 전체적으로 어두운 갈색 또는 검은색을 띤다. 거미, 곤충, 지렁이 등을 먹으며 낮에는 바위 밑이나 쓰러진 고목 밑에서 쉬고 밤이 되면 먹이를 찾아 나온다.

제주도롱뇽은 양서류 중에서도 꼬리가 있는 양서류다. 어른이 돼도 꼬리가 남아 있어서 다른 개구리들과 비교가 된다. 새끼 도롱뇽은 아가미가 밖으로 노출돼 있어 구분이 쉽다. 제주도롱뇽이 낳은 투명하고 길쭉한 알주머니에는 25~50개의 알이 들어 있으며 물웅덩이 작은 돌이나 수초에 알을 붙인다. 우리나라에서는 제주를 비롯해 남해안 지역에 서식하고 제주에서는 산간 계곡이나 숲속 물웅덩이, 곶자왈 습지에 주로 산란한다. 한라산 윗세오름 주변 습지에서도 서식한다.

4월 말에 새끼 도롱뇽을 발견했다면 알은 3월 초중순에 낳은 것이다. 2월에 산란한 알은 40일 정도, 3월에 산란한 알은 30일 정도,

그림 4.11 제주도롱뇽

4월은 20일 전후로 부화하는데 고도가 높은 어승생오름은 3월에 낳아도 기온이 낮기 때문에 일반적으로 2월에 산란한 알과 비슷하지 않을까 싶다.

사람을 보고 놀랐는지 유혈목이가 도망치며 물속으로 뛰어든다. 헤엄쳐 물을 건너더니 뒤도 돌아보지 않고 줄행랑이다. 제주에서는 '돗줄래'라고도 불리는 유혈목이는 뱀이다. 유혈목이가 지나간 물 표면에는 뱀 꼬리 모양으로 물이 흩어진다.

유린목 뱀과의 파충류인 유혈목이의 학명은 *Rhabdophis tigrinus*, 영어 이름은 Tiger Keelback Snake다. 몸길이는 80~100센티미터 정도인데 색이 화려하다고 해서 꽃뱀이라고도 하며 몸은 녹색이고, 몸 위와 옆에 주황색과 검은색 띠가 둘러 있다. 주로 연못이나 습지에서 개구리를 잡아먹지만 헤엄도 잘 쳐서 가끔 물고기를 사냥하기도 한다. 위협을 느끼면 잽싸게 도망가나 여의치 않을 경우 코브라처럼 머리를 곧추세우고 공격 자세를 취한다. 제주뿐만 아니라 우리나라 전국에서 흔하게 분포한다.

그동안 유혈목이는 독이 없는 뱀이라고 여겨졌고, 특히 사람을 보면 먼저 도망가는 특성 때문에 위험하다는 인식이 없었는데 유혈목이에 대한 새로운 사실들이 밝혀지면서 유혈목이를 바라보는 시선이 전혀 달라졌다. 유혈목이에게 가볍게 물렸을 때는 생명에 큰 지장이 없지만 깊게 물리면 아주 위험할 수 있다는 연구 결과가 나온 것이다. 유혈목이의 독이빨은 목 깊숙한 곳에 있어서 만약 손가락이 목 깊숙이 들어갔을 경우 독으로 인한 사망 가능성이 높다. 어른 손가락은 유혈목이의 독이 있는 곳까지 들어가기에는 굵기 때문에 상대적으로 덜 위험할 수 있으나 아이들의 경우 특히 조심할 필요가 있다.

산책로를 걸어 내려오는데 늘어지게 햇볕을 쬐고 있던 쇠살모사가 화들짝 놀라서 풀섶으로 도망간다. 사진으로 남기고 싶어 급히 휴대전화를 꺼냈지만 웬걸 이미 사라진 지 오래다.

유린목 뱀과의 파충류인 쇠살모사의 학명은 *Gloydius ussuriensis*, 영어 이름은 Red-tongue Viper Snake다. 몸길이는 55센티미터 정도 되는데 붉은색의 혀가 가장 큰 특징이며, 꼬리 끝은 검은색을 띠고 머리는 삼각형이다. 다른 뱀에 비해 짧고 통통하다. 주로 밤에 개구리, 쥐, 도마뱀 등을 사냥해 먹고, 먹이를 소화시키기 위해 따뜻한 바위나 풀 위에서 똬리를 틀고 일광욕하는 장면을 관찰할 수 있다.

쇠살모사를 보내고 나무 밑 평상에 앉아 있는데 연못 쪽에서 '삑' 하는 소리가 들린다. 고개를 돌려 보니 물총새 한 마리가 울타리에 앉아 있다가 맞은편 바위로 날아간다. 연못 속에는 어른 팔뚝만 한 비단잉어가 유유히 헤엄치고 있다. 크기만 봐서는 비단잉어가 물총새를 잡아먹을 수도 있을 것 같다는 생각을 하고 있는데 물총새가 연못 속으로 쏜살같이 날아들어서는 새끼손가락만 한 물고기를 잡아채서 나온다. 커다란 비단잉어가 있는 연못에 저런 작은 물고기가 함께 살고 있을 줄이야. 물총새는 이름 모를 작은 물고기를 바위에 몇 번 툭툭 치더니 꿀꺽 삼킨다. 산 중턱에서 물총새를 본 것도, 이곳 연못까지 날아온 물총새가 사냥을 하는 모습도 신기할 뿐이다.

물총새는 파랑새목 물총새과의 새로, 학명은 *Alcedo atthis*이고 영어 이름은 Common Kingfisher다. '어부fisher의 왕king'이라고 불릴 만큼 물고기를 잡는 데 선수인 새라고 할 수 있다. 머리꼭대기와 날개는 초록색을 띠는 파란색이고, 가슴과 배는 주황색, 등과 허리, 꼬리는 파란색이다. 부리는 길고 뾰족하며 검은색을 띠는데 암컷의 경우 아랫부리가 주황색이다. 물총새는 주로 물가에 있는 나뭇가지나 갈대에 앉았다가 물속에 있는 먹이를 발견하면 빠른 속도로 날아가 낚아챈다. 둥지는 흙벽에 구멍을 뚫어서 만드는데 이 작업은 암수가 함께한다.

습지 주변에서는 야생동물의 흔적을 비교적 쉽게 발견할 수 있다. 축축하게 젖은 땅에는 동물의 흔적이 뚜렷하게 남기 때문이다. 노루 발자국도 보이고, 저쪽엔 누군가의 침입이라도 받은 듯 가장자리가 짓이겨진 물웅덩이도 있다. 어승생오름에는 옛날 버섯을 재배할 때 표고버섯자목을 담 갔던 작은 물웅덩이들이 곳곳에 있다. 아까 숲길을 걷다가 물컹하고 밟은 게 멧돼지 배설물 같았는데 물웅덩이를 엉망 으로 만든 것도 아마 멧돼지가 아닐까 싶다. 진흙 목욕을 좋 아하는 멧돼지에게 사람이 잘 다니지 않는 외딴 습지는 목 욕장소로 안성맞춤이다.

어승생오름을 오르다 보면 어디선가 '컹컹' 하는 개 짖 는 소리가 들린다. 이 소리의 주인공은 다름 아닌 노루다. 노루는 위험을 느끼면 개 짖는 소리를 내서 상대방이 위협 을 느껴 접근하지 못하게 한다. 아는 사람들이야 이 소리가 노루인 줄 알고 그냥 지나가지만, 모르는 사람들은 일단 겁 을 먹고 주변을 경계하게 된다. 요즘 한라산이나 오름 등에 들개들이 많이 출몰하니 무서운 생각이 들 수밖에 없지만 아직까지 어승생오름 탐방로에서는 들개의 흔적이 발견된 적은 없으니 개 짖는 소리가 들린대도 안심해도 좋다.

노루는 우제목 사슴과에 속하는 포유류로, 학명은 *Ca-preolus pygargus*, 영어 이름은 Roe Deer다. 몸길이는 약 120 센티미터 정도로 몸은 갈색, 꼬리는 없다. 사실 꼬리의 흔적 은 남아 있지만 털에 가려 그조차 잘 보이지 않기 때문에 없다고 해도 무방하겠다. 또한 노루는 앞다리가 짧고 뒷다리가 긴 특징이 있다. 그래서 오르막은 잘 오르는데 내리막에서는 상대적으로 잘 뛰지 못한다. 옛날 사람들은 노루를 사냥할 때 노루의 이런 신체적 특성을 역이용해 내리막으로 노루를 몰았다고 한다. 반면 야생에서 노루는 위험을 느끼면 오르막으로 도망간다.

노루는 주로 땅 위에서 자라는 초본성식물의 잎을 뜯어 먹으며 생활하고, 나무의 새순이나 잎을 먹기도 한다. 다양한 식물을 먹는데 신기하게도 아플 때는 증상에 따라 적당한 식물을 찾아 먹는다고 한다. 보통 부드러우면서 물기가 적은 식물을 선호하며 물기가 많은 식물을 먹으면 설사

그림 4.12 노루 암컷과 수컷

를 한다. 노루는 위쪽 앞니가 없어 윗잇몸과 아랫니를 이용해 식물을 뜯어낸 후 어금니를 이용해 씹는다. 위가 네 개인 노루는 식물을 먹은 후 되새김질하며 소화시킨다. 우리나라에서는 울릉도를 제외하고 전국에 분포하고 있고, 제주에서는 해안 저지대를 제외한 중산간 지대에서부터 한라산 정상까지 분포하고 있으며 숲과 가까운 목장 지대에서 주로 관찰된다. 겨울에는 무리를 짓는 경향이 있다.

노루가 처음 태어났을 때는 암컷인지 수컷인지 구분하기 어려울 정도로 외형이 비슷하다. 하지만 1년이 지나면 암수 구분이 쉬워지는데 수컷 노루는 뿔이 나기 때문이다. 처음 생겨난 뿔은 일자 형이다. 간혹 덧니처럼 작은 돌기가 나오는 경우도 있지만 이런 경우는 흔치 않다. 뿔은 대개 봄에 자라고 겨울에 떨어지는 식으로 매년 자라고 떨어지고를 반복한다. 그러다 3년 정도 지나면 뿔에 가지가 생기기 시작한다. 가지는 세 갈래로 갈라지며 그 뒤로는 조금 커지기는 하지만 뿔의 모양이 달라지지는 않는다. 뿔 바깥쪽을 덮고 있는 피부를 '벨벳'이라고 한다. 뿔이 어느 정도 자라면 노루는 스스로 나무줄기나 나뭇가지에 뿔을 긁어 벨벳을 벗겨 낸다. 뿔에는 혈관이 지나기 때문에 이 과정에서 뿔에 상처가 나면 피를 흘리기도 하는데 그리 아파 보이지는 않는다. 이렇게 벨벳을 다 벗기고 나면 우리가 아는 뼈 형태의 뿔만 남게 된다. 뿔은 주로 서열 싸움을 할 때 상대를 제압하는 무기로 사용된다. 노루의 뿔싸움은 제법 치열한데 뿔에 찔려 상처를 입기도 하고 심하면 죽는 노루들도 생긴다. 뿔싸움을 통해 서열이 정해지면 먹이를 먹는 것도 암컷을 차지하는 것도 서열이 높은 노루가 우선순위가 된다.

수컷의 뿔이 떨어지는 겨울에도 암수 구분이 가능할까? 노루는 여름이 오기 전과, 겨울이 오기 전 1년에 두 번 털갈이를 한다. 여름에는 털 색깔이 짙어지고, 겨울에는 털 색깔이 옅어지며 엉덩이가 하얗게 변하는데 이때 암컷을 보면 엉덩이에 꼬리처럼 보이는 하얀 털이 길게 나 있는 반면 수컷은 없어서 이를 통해 암수를 구분할 수 있다. 간혹 그 털을 꼬리로 착각하는 사람들이 있는데 꼬리가 아닌 털이 맞다.

노루는 임신과 출산 과정이 독특하다. 암컷 노루는 가을에 임신을 하기 때문에 가뜩이나 먹이를 구하기 힘든 겨울 동안 과연 배 속 새끼 노루가 잘 자랄 수 있을까 싶은데, 가을에 수정된 수정란이 바로 착상되지 않고, 수정란 상태로 자궁 안에 머물렀다가 이후에 착상된다. 이를 '착상 지연'이라고 하며 이는 노루에게서만 나타나는 현상이다. 겨울 동안은 수정란 상태에서 자라지 않기 때문에 겨울에 새끼를 위한 추가 영양분이 필요하지 않다. 그렇게 270여 일의 임신기간을 거쳐 햇살 따뜻한 5~6월이 되면 출산을 한다. 적게는 한 마리, 많게는 세 마리까지 새끼를 낳는다. 새끼 노루는 등에 점 무늬가 있고, 태어난 지 얼마 되지 않았지만 어미를 따라 곧잘 걷는다. 태어나고 약 한 달가량은 어미의 젖을 먹고 자라며 이후에는 부드러운 풀을 먹기 시작한다. 젖을 먹는 한 달간은 어미가 주변 풀숲에 새끼 노루를 숨겨 놓고 돌본다. 하지만 사람들이 나타나면 어미는 주변으로 이동해 몸을 숨기곤 하는데 이때 혼자 남겨진 새끼 노루를 발견한 사람들이 어미를 잃은 것으로 오해해 새끼를 데려와서 신고하는 경우가 있다. 새끼 노루 곁에는 대부분 어미 노루가 있으니 새끼 노루가 다치거나 위급한 상황이 아니라면 그대로 두는 것이 좋다.

　　노루는 제주에서 친근한 야생동물 중 하나다. 곶자왈 숲길, 중산간 초지대, 한라산 탐방로, 오름 탐방로 등 사람이 지나치는 곳이면 어김없이 노루가 살고 있다. 노루는 과거 제주의 상징적인 초식동물로 관광자원로서의 역할을 하기도 했지만 한때 개체수가 급증하면서 농작물 피해가 발생하자 유해야생동물로 지정돼 포획되는 수모를 겪기도 했다. 하지만 최근에는 개체수가 급감해 유해야생동물에서 해제됐고 노루의 위상도 다소 바뀌고 있다. 노루의 수가 많이 줄긴 했지만 어승생오름에 노루가 살고 있는 건 분명하다. 아행성인 데다 사람을 경계하기 때문에 노루를 직접 보기란 쉽지 않으나 노루가 식물을 뜯어 먹은 흔적, 노루의 배설물, 노루가 쉰 쉼터, 노루 소리 등이 노루가 살고 있음을 증명해 준다.

어승생오름은 조릿대 때문에 다양한 식물이 자라기 어려운 환경인데 그래도 다행히 노루가 워낙 다양한 식물을 먹어서 어승생오름에서도 제법 잘 살고 있는 듯하다. 특히 노루가 식물을 먹은 흔적은 계곡 사면을 중심으로 관찰된다. 계곡 사면은 아직 조릿대가 침범하지 못했거나 토사가 흘러 내려가는 구조라 상대적으로 조릿대가 자라기 힘들다. 노루 발자국이나 배설물 흔적은 주로 산정 습지 주변에서 발견된다. 산정 습지에 고인 물을 식수원으로 이용하고 이쪽에는 비교적 사람들이 잘 접근하지 못하기에 휴식터로도 이용하는 듯하다. 물론 산정 습지만 이용하는 건 아니고 어승생오름의 계곡 곳곳에 옹달샘처럼 솟아 흐르는 물이 있기 때문에 오름 전체에 흩어져 생활한다.

노루밖에 없던 제주의 야생동물 세계에 갑자기 나타난 멧돼지는 제주에서 가장 위험한 동물 중 하나다. 아직까지는 숲속에 꽁꽁 숨어서 잘 보이지 않지만 간혹 오름 탐방로 등에서 목격되기도 한다.

우제목 멧돼지과에 속하는 포유류인 멧돼지의 학명은

Sus scrofa, 영어 이름은 Wild Boar다. 몸길이는 작게는 100 센티미터부터 크게는 180센티미터까지 다양하다. 몸 색깔은 갈색 또는 검은색이고, 날카로운 송곳니가 있다. 몸이 굵고 큰 데 비해 다리는 짧은 게 특징인데 의외로 도토리를 즐겨 먹으며, 들쥐, 뱀, 곤충 등도 먹는다. 우리나라에서는 전국적으로 널리 분포하고 있고, 제주에는 가축용으로 도입된 후 관리 소홀로 탈출한 개체가 야생에 적응해 번식에 성공했다고 알려졌다. 주로 중산간 일대 해발 500~1,000미터에서 목격된다.

제주에서 야생 멧돼지가 처음 발견된 건 2004년 6월 제주시 공설묘지 일대에서였다. 같은 해 7월에는 새끼와 어미도 확인됐다. 이 공설묘지는 어승생 오름 자락에 있어 어승생오름이 제주 멧돼지의 본거지라 할 수 있다.

그림 4.13　멧돼지

멧돼지는 보통 1년에 한 번 번식을 하는데 짝짓기는 대개 12월에서 1월 사이에 이루어진다. 암컷 한 마리가 여러 마리의 수컷을 거느리기 때문에 암컷의 마음에 들기 위한 수컷들의 싸움이 치열하다. 그렇게 짝짓기에 성공하면 배 속에서 120일 정도 품었다가 5월쯤 3~10마리의 새끼를 낳는다. 새끼는 태어난 후 눈만 뜨면 바로 걸어 다닐 수 있다. 새끼의 몸 색깔은 보호색을 띠는데 옅은 갈색의 몸에 흰색의 줄무늬가 있다.

　　멧돼지는 사나운 동물이기도 하고, 날카로운 송곳니라는 강력한 무기도 가졌으니 항상 주의가 필요하다. 멧돼지와 마주쳤을 때는 우선 등을 보이지 말아야 한다. 등을 보이면 쫓아와 공격할 수 있으니 가능한 한 천천히 뒷걸음질로 피하는 것이 좋다. 갑자기 뛰면 오히려 멧돼지를 자극할 수 있다. 또한 눈을 마주쳤다면 시선을 피하지 말고 끝까지 똑바로 봐야 한다. 눈을 돌리면 약한 상대라고 생각해 공격할 수 있다. 멧돼지를 발견한 상황이라면 나무 뒤나 바위 뒤에 숨는 게 좋고, 우산을 갖고 있다면 우산을 펼쳐서 방어하는 것도 방법이다. 우산을 펼치면 멧돼지가 우산을 바위라고 생각해 공격하지 않는다.

　　멧돼지를 마주쳤을 때의 대처법과 함께 꼭 알아두어야 할 것이 하나 더 있다. 바로 새끼 멧돼지를 만났을 때다. 사람이든 멧돼지든 새끼들은 다 귀엽다. 그렇다 보니 다가가서 만지거나 데려오려는 사람들이 있는데 이는 굉장히 위험한 행동이다. 새끼 주변에는 항상 어미가 있는 법이기 때문이다. 자칫하면 공격의 대상이 될 수 있으니 새끼를 발견한다면 절대 다가가지 말고 그 장소를 조용히 빠져나오도록 하자.

서로 돕는 오름 마을

animal
04

동물 이야기
네 번째

　박새가 여기저기 무언가 찾고 있다. 몰래 살금살금 박새 뒤를 쫓다가 딱 걸리고 말았다. 눈치가 빠른 건지 예민한 건지 휙 돌아보는 박새와 눈이 마주쳐 버린 것이다. 사실 박새는 사람을 크게 경계하지 않는 새다. 사람이 만들어 놓은 인공 새집에서 둥지도 만들고 사람 근처에서 번식도 한다. 박새가 가장 예민해지는 때는 3월이다. 둥지 지을 자리를 찾아야 하기 때문이다. 둥지를 짓기엔 다소 이른 봄이지만 조금이라도 더 좋은 둥지 자리를 찾으려면 일찍 움직이는 수밖에 없어 박새의 마음은 분주해진다.

　어승생오름에는 박새가 둥지로 이용할 만한 구멍이 많지 않다. 새로운 나무가 계속해서 싹트고 성장해야 하는데 조릿대로 덮여 있어 종자가 땅에 닿기 전에 조릿대가 튕겨 내는 바람에 중간층에 나무가 없다. 나무가 자라고 죽고 또 자라고를 계속 반복해야 여러 층이 생기는데 이런 과정이 단절되다 보니 둥지로 이용할 공간이 자꾸 줄어드는 것이다.

　박새는 대개 나무 구멍에 둥지를 만든다. 나무줄기에 자연적으로 생겨난 구멍도 좋고 죽은 나무에 큰오색딱다구리가 파 놓은 구멍이나 한 번 쓰고 버린 나무 구멍도 괜찮다. 돌무더기 사이 공간이 있으면 거기도 둥지 자리로 이용할 수 있긴 하지만 그런 곳에는 뱀이나 족제비가 있어서 둥지로 쓰기에 그리 좋은 장소는 아니다. 큰 나무 줄기에 옹이가 썩어서 생긴 나무 구멍은 오랜 세월에 걸쳐 만들어지기 때문에 둥지로 적당하다. 하지만 한 해 두 해 둥지로 이용하다 보니 이제는 이용할 수 있는 구멍이 많이 줄었고, 곤줄박이나 흰눈썹황금새 등 다른 새들과 자리 경쟁도 해야 해 박새도 새끼 키우는 일이 만만치 않다. 그나마 부지런한 성격 덕에 어승생오름에 눈이 채 녹지 않은 3월부터 자리를 찾아다녀서 대체로 좋은 곳에 둥지를 마련하는 편이긴 하다. 물론 곤줄박이도 부지런하긴 하지만 3월부터 움직이지는 않고, 흰눈썹황금새는 5월은 돼야 어승생오름으로 날아든다. 어승생오름에 봄이 찾아오고 어디선가 짝을 찾는 새들의 노랫소리가 들려온다면 그 첫 주자는 분명 박새일 것이다. 3월이 되면 박새는 어승생오름 전체를 깨우듯 아름답게 지저귀며 새로운 생명을 탄생시킬 준비를 한다. 흰눈썹황금새가 찾아오는 5월쯤이면 박새는 이미 번식을 끝내고 느긋한 시간을 즐기고 있을 것이다.

참새목 박새과에 속하는 박새의 학명은 *Parus major*, 영어 이름은 Great Tit다. 몸길이가 겨우 14센티미터가량 되는 이 작은 산새는 머리는 검은색, 뺨은 흰색, 날개와 꼬리는 회색을 띠고 있고, 가슴부터 배를 가로지르는 검은색의 세로줄무늬가 마치 검은 넥타이를 맨 신사처럼 보이는

게 특징이다. 부지런한 신
사 박새가 가장 좋아하
는 먹이는 곤충이다.
여름에는 주로 나
무 사이를 돌며
곤충을 잡아먹고,
곤충을 찾기 힘든 겨울
에는 열매나 씨앗으로 대신한

다. 겨울에 먹이통에 먹이를 놓아두면 곤잘
와서 찾아 먹는다.

박새에 비하면 성격이 제법 느긋한 듯한 흰눈썹황금
새는 참새목 솔딱새과로, 학명은 *Ficedula zanthopygia*, 영
어 이름은 Yellow-rumped Flycatcher다. 몸길이는 13센티
미터 정도로 크기가 박새와 비슷하며 어승생오름에는 여름
무렵 찾아와 번식하는 여름철새다. 암컷과 수컷의 색이 다
른데 수컷의 경우 허리와 몸 아래쪽은 노란색, 위쪽은 검은
색을 띠고, 흰색 눈썹선이 뚜렷한 게 특징이다. 반면 암컷
은 허리 쪽은 노란색이지만 몸 위쪽이 녹갈색이다. 암수 공
통점은 모두 날개에 흰 반점이 있다는 것이다. 흰눈썹황금
새 역시 큰오색딱다구리가 만든 구멍이나 자연적으로 형성
된 나무구멍에 둥지를 만드는데 알은 보통 한번에 4~6개

정도 낳는다.

박새가 부지런히 둥지 자리를 찾는 동안 멀리서 나무 줄기를 쪼는 소리가 울려 퍼진다. 박새만큼이나 부지런하다는 큰오색딱다구리다. 박새가 지저귀는 동안 큰오색딱다구리는 드러밍 소리를 내며 짝을 찾고, 둥지로 쓸 구멍을 만든다. 좀 시끄럽긴 하지만 큰오색딱다구리는 박새와는 친한 이웃사촌이다. 아마도 큰오색딱다구리가 만든 구멍을 다음 해에 쓸 수 있으리란 기대 때문에 박새가 의도적으로 접근한 게 아닐까 싶다.

큰오색딱다구리는 딱다구리목 딱다구리과로, 학명은 *Dendrocopos leucotos*이고 영어 이름은 White-backed Woodpecker다. 몸길이 28센티미터에 몸 위쪽은 검은색이며, 등과 날개에는 흰색 무늬가 있다. 배의 아래쪽과 아래꼬리덮깃은 붉은색이고, 몸 아래쪽에 검은색 세로줄 무늬가 특징이다. 수컷은 머리꼭대기가 붉은색인 반면 암컷은 그렇지 않기 때문에 붉은색의 유무로 암수를 구분할 수 있다. 큰오색딱다구리는 나무를 두드려서 속에 있는 애벌레나 곤충을 잡아먹으며, 우리나라 전체로 봤을 때는 그리 흔하지 않지만 제주에서는 비교적 흔하게 볼 수 있는 텃새다.

큰오색딱다구리가 비가 들지 않는 죽은 나무에 부지런히 구멍을 파고 있다. 큰오색딱다구리는 나무 구멍에 번

식을 하고 죽은 나무 속에 사는 애벌레를 잡아먹기 때문에 구멍만 잘 뚫어 놓으면 따뜻한 봄까지 충분히 새끼를 먹여 살릴 수 있다. 그런데 이 나무 좀 이상하다. 튼튼한 부리로 열심히 쪼고 있는데도 구멍을 내기가 쉽지 않다. 죽은 나무인 줄 알았는데 아직 살아 있는 나무인 모양이다. 살아 있는 나무는 단단해서 아무리 큰오색딱다구리라도 만만치 않은 작업이 될 수밖에 없다. 물론 나무에게도 미안한 일이다.

손해를 보는 다른 친구들도 있다. 앞에서 말한 것처럼 큰오색딱다구리가 죽은 나무에 구멍을 내주면 이듬해에는 박새가 이용하고 다음엔 곤줄박이가, 그리고 그다음엔 흰눈썹황금새가 이용하는 등 활용도가 큰데 살아 있는 나무에 난 구멍은 나무 스스로 조금씩 구멍을 메우기 때문에 다른 새들은 이용할 수 없게 된다. 큰오색딱다구리만 믿고 있던 새들은 난감해졌다.

새들이 난감해하거나 말거나 아랑곳하지 않고 섬휘파람새는 둥지 속 새끼를 정성껏 돌보고 있다. 그런데 어쩐지 생김새가 너무 다르다. 자세히 보니 저건 새끼 두견이다. 자기 새끼 키우기도 힘든 마당에 남의 새끼를 키우고 있다니 무슨 일일까? 사실 새들 사이에도 '어린이집'이 있다. 섬휘파람새와 두견이 사이의 '탁란托卵' 현상이 바로 그것이다. '탁란'은 알을 맡긴다는 뜻으로, 두견이, 뻐꾸기, 검은등뻐

꾸기, 매사촌 등 특정 새들 사이에서 나타나는 현상이다. 자기가 직접 알을 품지 않고 맡긴다는 게 얌체처럼 보일 수도 있지만 알을 맡겨 놓기만 하는 건 아니고 나름의 공도 들인다. 둥지 근처를 돌아다니면서 소리를 내 새끼에게 지속적으로 존재를 각인시키고, 새끼가 제법 자라 둥지를 떠날 즈음이 되면 불러서 함께 이동한다. 섬휘파람새는 일종의 유모로서 알을 품고 둥지에서 새끼를 키우는 일까지만 담당할 뿐, 사회성을 길러 주는 건 진짜 어미인 두견이의 몫이다.

섬휘파람새는 제주 어디에서나 흔히 번식하며 관목림, 대나무숲, 덤불 등에 둥지를 만드는데 어승생오름은 조릿대가 넓게 퍼져 있어 둥지를 만들기에 특히 좋은 조건이다. 섬휘파람새가 많이 서식하는 곳에 두견이가 출연하는 건 어쩌면 당연하고 자연스러운 일이라고 할 수 있다. 두견이는 섬휘파람새의 둥지를 찾아다니며 둥지마다 알을 하나씩 낳는다. 두견이 알은 진한 갈색으로 흡사 초코볼을 닮았고, 알 크기도 두견이나 섬휘파람새가 모두 비슷비슷하다. 두견이 알은 섬휘파람새 알보다 일찍 또는 동시에 부화하게 되는데 부화한 새끼가 남아 있는 알이나 먼저 부화한 새끼를 등으로 밀어내곤 한다. 다른 새끼들과 같이 자라도 될 듯싶지만, 섬휘파람새에 비해 덩치가 큰 두견이는 어느 정도 자라면 둥지가 작게 느껴질 만큼 몸집이 커지기 때문에 같이 자란다 해도 새끼 섬휘파람새가 살아남지 못할 확률이 크다. 두견이는 보통 5월과 6월에 탁란 둥지를 찾아 시끄럽게 소리를 내고 7월이 되면 소리가 잠잠해진다. 하지만 커 가는 새끼 두견이를 지속적으로 지켜보며 사회에 적응시켜야 하기 때문에 소리는 없지만 9월까지는 어승생오름을 제 집 삼아 살아간다.

사람이 사회에서 혼자 살아갈 수 없는 것처럼 동물의 세계도 마찬가지다. 어승생오름에 사는 동물은 이처럼 서로 도움을 주고받으며 함께 살아가고 있다.

그림 4.16 동물들의 삶의 터전 어승생오름의 숲 ⓒ이니스프리모음재단

사냥은 본능

animal
05

동물 이야기
다섯 번째

때로는 치열하게 때로는 다정하게 공생하며 살아가는 야생동물들에게 위협이란 부족한 먹이, 언제 마주칠지 모르는 천적만이 아니다. 어쩌면 그들에게 있어 가장 큰 위협은 사람일지 모른다.

제주목사 이형상의 《탐라순력도》

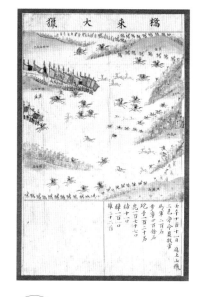

그림 4.17 《탐라순력도》 중 <교래대렵>

중 <교래대렵>을 보면 중산간 마을인 교래에서 사슴을 사냥하는 모습이 담겨 있다. 1702년(숙종 28년) 10월 11일 사냥에 참여한 관원은 삼읍수령(제주목사, 대정현감, 정의현감)과 감목관監牧官이며, 사냥에 동원된 인원은 말을 타고 사냥하는 마군馬軍 200명과 걸어서 짐승을 몰이하는 보졸步卒 400여 명, 포수砲手 120명이었다. 당시 사냥을 통해 사슴 177마리, 돼지 11마리, 노루 101마리, 꿩 22수首를 잡았으며 이때 마취제를 칠한 화살촉으로 사슴을 생포했는데 이듬해 비양도에 방사했다고 전한다.

1704년 이형상이 《남환박물》에 남긴 다음과 같은 기록을 보면 당시 제주에는 노루, 사슴, 돼지, 오소리, 꿩 등 다양한 동물이 서식했던 것으로 보인다.

> "제주에서 나는 짐승으로는 삵괭이, 오소리, 돼지,
> 사슴 등이 있고, 호랑이, 표범, 곰, 승냥이, 이리, 여우,
> 토끼 종류는 없다."
>
> —이형상, 《남환박물》

이에 따라 제주 중산간 일대는 사슴과 멧돼지 등이 서식하기 좋은 환경이었고 산짐승을 사냥하기 위해 하천을 따라 어승생오름을 오르는 제주도민이 많았을 것으로 추정해 볼 수 있다.

사냥의 역사는 훨씬 더 이전으로 거슬러 올라간다. 어승생오름에서 발원한 하천을 따라 해안으로 내려가다 보면 광령리를 지나 외도동에 다다르게 된다. 외도동은 신석기시대 초창기 유적과 청동기시대에서 탐라시대에 이르는 마을 유적 그리고 고려시대 사찰인 수정사지 등 다수의 유적이 발굴되었을 만큼 역사적으로 의미 있는 장소이기도 하다. 외도동에는 외도천이라는 풍부한 물과 바다의 해양자원이 가까이 있어서 선사시대부터 마을이 형성되었던 것으로

보인다. 하지만 이것만으로 먹고살 수는 없었고, 그 시절 살기 위해 동물 사냥은 필수였다.

사냥을 하려면 중산간 일대의 너른 들판과 곶자왈 같은 숲으로 향해야 했는데 지금은 사방으로 도로가 뚫려 어디든 갈 수 있지만 선사시대에는 그러지 못했다. 이때 하천은 중요한 이정표가 되어 주었고, 그렇게 사람들은 외도천을 따라 산으로 올라가 산짐승들을 사냥할 수 있었다.

사냥은 도구에 따라 창사냥, 섶사냥, 매사냥 등으로 나눌 수 있다.

창사냥은 주로 멧돼지나 노루를 잡을 때 많이 사용됐던 사냥법이다. 말 그대로 창을 이용해 사냥하는 것인데 창의 뾰족한 부분은 쇠로 만들고 손잡이는 가벼우면서도 잘 부러지지는 않는 가시나무류가 주로 사용됐다. 어승생오름에는 창의 손잡이로 만들 만한 나무로 졸참나무가 있다.

섶사냥은 연기를 이용해서 토끼나 오소리 등 굴에서 사는 짐승을 잡는 방법으로 주변의 짚이나 덤불 등을 사용해 불을 피우는데 제주에서는 주로 억새나 고사리 등을 이용했다.

매사냥은 매의 특별한 능력을 사냥에 이용한 것이다. 기원전 2000년 전부터 시작된 것으로 추정되며 이후 세계 각지로 퍼져 고조선 시기에 이미 매사냥 문화가 전래된 것

으로 보인다. 특히 몽골처럼 탁 트인 환경에서는 매가 사냥
에 있어 중요한 역할을 했다. 2010년에는 우리나라를 포함
한 아랍에미리트, 몽골, 체코 등 10여 개국의 매사냥 문화
가 유네스코 무형문화유산에 등재된 바 있다. 우리나라는
현재 넓은 장소에서의 매를 이용한 사냥법은 사라지고 좁은
장소에서도 사냥을 잘하는 참매를 이용해 매사냥의 전통을
이어가고 있다.

　　오래전부터 이어져 온 매사냥 문화 때문에 우리나라
에는 매를 부르는 다양한 이름들이 있다. 송골매, 해동청,
보라매, 날지니, 산지니, 수지니, 초지니, 재지니, 삼지니 등
이 그것이다. 먼저 송골매는 일반적인 매를 뜻하고, 해동청
은 우리나라에서 나는 푸른빛의 매를 말하며, 보라매는 태
어난 지 1년이 되지 않은 어린 매를 잡아 길들인 매, 날지니
혹은 산지니는 길들이지 않고 자연에서 자란 매, 수지니는
집에서 키우면서 길들인 것으로 1년 이상 사람이 훈련시킨
매, 초지니는 2년 된 매, 재지니는 3년 된 매, 삼지니는 4
년 된 매를 말한다. 매도 4년이 넘으면 사냥새로서 수명이
다하는 것인지 5년 이상 된 매에 대해서는 특별한 이름이
없다.

　　하지만 제주에서는 매를 이용해 사냥하지는 않았다.
해안 절벽이 발달한 제주에는 매가 많긴 하지만 매가 잡아

올 만한 먹잇감이 없었기 때문이다. 그래서 매를 훈련시켰어도 아마 큰 효과를 얻지는 못했을 것이다.

이렇게 인간을 위한 사냥도구로 사용될 만큼 사냥꾼으로 명성을 떨치는 매는 맹금류 중에서도 최고의 기량을 자랑한다. 해안 절벽에 둥지를 만들고 번식을 하는 매는 탁 트인 공간에서 사냥을 하는 새다. 어승생오름의 탁 트인 공간은 한라산 정상에서 살아가는 매에게는 더할 나위 없는 사냥터다. 매는 시속 300킬로미터 이상이라는 엄청난 속도로 사냥감을 추격한다. 매의 최대 사냥 속도는 시속 390킬로미터로 측정된 바 있다. 또한 매의 시력이 사람의 여덟 배 이상이라니 이 또한 타고난 사냥꾼의 면모를 보여 준다고할 수 있다. 일단 매의 눈에 들어온 먹잇감은 살아남지 못한다고 봐도 무방하다. 매는 사냥감을 포착하면 빠른 속도로날아가 날카로운 발톱으로 쳐서 낚아챈다.

매는 매목 매과에 속하는 텃새로, 학명은 *Falco peregrinus*이고, 영어 이름은 Peregrine Falcon이다. 몸길이는 암수가 다른데 수컷은 40센티미터, 암컷은 50센티미터로 암컷이 더 크다. 몸 윗면은 검회색이고 배에는 검은색의 가로줄무늬가 있다. 눈 밑에 있는 검은 무늬가 특징이다. 어린 매는 몸 전체가 갈색을 띠며 가슴과 배에 진한 갈색의 세로줄무늬가 있다. 먹이로는 중소형의 조류를 주로 먹는다.

사냥도구로 사용되는 새가 있는가 하면 흔하게 사냥 감이 되는 새도 있다. 제주의 대표적인 사냥감은 사실 사슴 도, 멧돼지도 아닌 꿩이었다. 꿩은 꿩코를 놓거나 사냥철에 총을 쏴서 잡기도 한다. 어승생오름에도 꿩이 산다. 조릿대 때문에 살기 좋은 환경은 아닐 것 같지만 어쨌든 살아가고 있다. 그나마 꿩들에게 어승생오름이 좋은 건 사냥당할 걱 정이 없다는 것이다. 사냥철이어도 어승생오름에 와서 사냥 하는 사람은 없기 때문이다.

꿩은 닭목 꿩과의 텃새로 학명은 *Phasianus colchicus*고 영어 이름은 Ring-necked Pheasant다. 암수 몸길이가 다른

그림 4.18 꿩 암컷

데 수컷은 90센티미터 정도, 암컷은 57센티미터 정도로 암컷이 작다. 수컷과 암컷은 크기뿐 아니라 몸 색깔도 다르다. 수컷의 눈 주변에는 붉은 피부가 나출돼 있고, 목에는 흰색의 굵은 띠가 있으며, 가슴과 배는 적갈색, 옆구리는 노란색에 검은색 반점이 나 있다. 꿩은 농경지, 초지 등에서 씨앗, 열매, 콩 등을 주워 먹고 산다.

그림 4.19 꿩 수컷

함께 산다는 건

animal
06

동물 이야기
여섯 번째

　　동물과 동물 간의 관계, 사람과 사람 간의 관계만큼이나 사람과 동물 간의 관계도 굉장히 중요하다. 뿐만 아니라 모든 생명체는 서로 연결돼 있다. 식물은 동물의 양식이 되기도 하고, 식물의 종을 널리 퍼뜨리는 역할도 하며, 인간 역시 동식물로부터 많은 것을 받지만 또 동식물이 잘 자랄 수 있도록 돌보기도 한다. 그렇게 생태계가 유지되고 있는 것이다.

　　목장만 해도 그렇다. 목장은 인간이 가축을 사육하기 위해 만든 공간이지만 여기서 발생하는 가축의 배설물 속 무기질이 식물을 자라게 하고, 또 거기에 의지해 곤충이 번식하며, 그렇게 번식한 곤충을 먹기 위해 새들이 날아온다.

　　제주의 토지는 고도에 따라 크게 해안 지대(200미터 이하), 중산간 지대(200∼600미터), 산간 지대(600미터 이상)로 구분되며 지대별로 특징이 있다. 해안 지대에는 경작지가 많고 중산간 지대에는 경작지와 방목지가 공존한다. 그리고 산간 지대는 소와 말의 방목지로 활용됐다. 하지만 한라산이 국립공원으로 지정된 이후 보호를 위해 소와 말의 방목을 엄격히 금하고 있어 지금은 사용할 수 없게 됐다.

　　제주의 중산간 지대는 방목하기에 좋은 여건을 갖추고 있어 목장으로 이용됐다. 고려 말 제주를 지배하던 원나라는 제주의 중산간 지대에서 말을 생산했는데, 이는 이후

조선에 이르기까지 이어졌다. 1429년 세종 11년에는 제주의 중산간 목장 지대를 지역별로 구획해 10소장으로 나누었다. 이를 구분하기 위해 돌담으로 성을 쌓았는데 산림과 인접한 곳에 쌓은 것을 '상잣성', 경작 지대와의 경계에 쌓은 것을 '하잣성', 그 사이에 지은 것을 '중잣성'이라 했다. 이는 가축의 안전은 물론 가축으로부터 작물을 보호하기 위한 것이었다.

또한 해안 지대 목장에서 가축을 키우던 사람들도 방목을 위해 가축과 함께 한라산에 오르곤 했다. 이때 목장에서 한라산 백록담까지 안전하게 가축을 이동시키기 위한 전용 등산로, '상산방목로'를 만들게 된다. 울창한 나무는 쳐내고, 미끄러운 돌 등의 방해물은 치워서 안전하게 이동할 수 있는 길을 완성시킨 것이다. 상산방목은 총 3단계의 과정을 거친다. 1단계는 소를 올려 보내는 '쉐 올리래', 2단계는 소를 관찰하는 '쉐 보래', 3단계는 소를 내려오게 하는 '쉐 내리개'다. 이렇게 만들어진 상산방목로는 이후 한라산과 어리목을 이어주는 등산로의 토대가 됐다.

해안동공동목장의 상잣성은 어승생오름의 750고지 부근에 위치하며 오름을 중심으로 아흔아홉골에서 한밝계곡 사이 동서로 이어져 있다. 어승생 제1수원지로 이어지는 도수로 연결공사 과정에서 잣성이 일부 사라졌지만 아직도

그림 4.20 어승생오름 주변 목장 ⓒ임재영

잣성의 흔적은 곳곳에서 볼 수 있다. 어승생 수원지 근처에는 자목장 잣성이 있었는데 수원지 조성 과정에서 이 돌들을 이용하고 치워 버리거나 주변의 산담으로 쓰이면서 지금은 알아볼 수 없을 정도로 훼손됐다.

중잣성은 해안동 산 206-37번지에서 흔적을 찾아볼 수 있다. 하지만 이를 경계로 높다란 삼나무가 조성되어 육안으로 쉽게 식별이 안 된다. 이 잣성은 노형동까지 이어져 있다.

어승생오름 정상에서 제주시 방향을 바라보면 드넓은 목장이 바다처럼 펼쳐진다. 파란 하늘과 어우러진 목장은 정말이지 시원한 장관을 연출한다. 혹시나 목장을 활공하는 맹금류를 보는 행운이 뒤따를까 싶어 열심히 목장을 내려다보았는데 한라산 꼭대기 암벽에서 번식을 하고 먹이를 찾아 어승생오름 상공을 날고 있는 매가 보인다. 가을 하늘 노을 뒤로 먹이를 찾아 활공 중인 새호리기도 있다. 목장에는 곤충이 많기 때문에 가을이면 곤충을 사냥하러 어김없이 나타나는 새다. 상승기류를 타고 유유히 무리 지어 하늘로 날아오르는 벌매, 겨울 찬바람에 숲에서 놀다 뛰쳐나온 작은 산새를 잡기 위해 눈을 부릅뜨고 비행하는 참매, 거대한 날개를 펼치고 한라산을 제집 드나들듯 하며 추위에 죽어 가는 노루와 멧돼지를 찾는 독수리도 보인다. 나무꼭대기에서는 말똥가리가 들쥐를 찾기 위해 주변을 살피고 있다. 어승생 오름에서 내려다보이는 탁 트인 공간에 다양한 맹금류들이 각자 자신들만의 모습으로 날아다니고 있다.

새호리기(210쪽)는 매목 매과에 속하며 봄과 가을에 관찰되는 나그네새다. 학명은 *Falco subbuteo*, 영어 이름은 Eurasian Hobby다. 몸길이는 암수가 비슷하게 34센티미터 정도로 몸집이 작고, 몸 윗면은 어두운 갈색을 띠며, 눈 아래에는 검은색의 무늬가 뚜렷하다. 배에는 검은색의 반점이 세로로 나열돼 있는데 다리깃털과 아랫배는 붉은색이다. 단, 어린새일 때는 다리깃털과 아랫배가 붉지 않다. 주로 작은 산새나 곤충을 빠르게 날면서 사냥한다.

벌매는 매목 수리과의 나그네새로, 학명은 *Pernis ptilorhynchus*, 영어 이름은 Crested Honey Buzzard다. 암수의 크기는 살짝 다른데 수컷은 57센티미터 정도, 암컷은 61센티미터 정도로 암컷이 약간 더 크다. 깃 색깔과 무늬는 다양하다. 다른 맹금류에 비해 머리가 작고 목이 긴 편이며 목에는 검은색 줄무늬가 있다. 주로 벌이나 벌애벌레를 먹는다.

참매는 매목 수리과의 겨울철새로, 학명은 *Accipiter gentilis*고 영어 이름은 Northern Goshawk다. 참매 또한 수컷은 51센티미터, 암컷은 56센티미터 정도로 암컷이 더 크다. 몸 위쪽은 푸른빛이 도는 회색으로 어둡고, 아래쪽은 흰

그림 4.21 새호리기   그림 4.22 독수리

색 바탕에 갈색의 가로줄무늬가 있으며 뚜렷하고 하얀 눈썹선이 특징이다. 어린새일 때는 몸이 갈색을 띠고 아래쪽에 갈색 반점이 세로로 나열돼 있다. 공중이나 나무 사이를 민첩하게 비행하며 먹이를 사냥한다.

독수리는 매목 수리과의 겨울철새로, 학명은 *Aegypius monachus*, 영어 이름은 Cinereous Vulture다. 몸길이는 108센티미터 정도로 크며, 몸 전체가 검고, 부리도 검은색이지만 몸을 덮은 피부는 살구색을 띤다. 날아가며 날개를 펼치면 날개 끝이 일곱 갈래로 갈라진다. 주로 죽은 동물의 사체를 뜯어 먹고, 먹이를 발견하면 큰 무리가 모여든다. 제주에서는 1년 내내 한두 마리 정도가 관찰된다.

말똥가리는 매목 수리과에 속하는 겨울철새로, 학명은 *Buteo buteo*, 영어 이름은 Common Buzzard이고, 제주에서는 '똥소래기'라고도 한다. 암수 몸길이가 다른데 수컷은 50센티미터, 암컷은 56센티미터 정도다. 턱밑과 몸의 위쪽은 어두운 갈색, 아래쪽은 흰색이다. 날개를 펼쳤을 때 날개 중앙부에 있는 말똥 모양의 큰 무늬가 특징이고, 이때 날개 끝은 다섯 갈래로 갈라진다. 말똥가리는 높은 곳에 앉아 들쥐 같은 소형 포유류를 노리며 발견 즉시 미끄러지듯 날아가 덮치거나 잡아챈다. 나뭇가지에 앉아 소화되지 않은 펠렛을 뱉어 내기도 한다.

오늘날 어승생오름은 숲이 우거져 있지만 정상에 남아 있는 초지를 보면 과거에는 소와 말을 기르던 목장이었을 것으로 보인다. 이런 초지를 무대로 살아가는 새들도 있다. 억새 줄기에 앉아 작은 소리로 지저귀던 멧새가 사라지자 때까치가 나타났다. 때까치는 정상 주변 나무꼭대기에 앉아 뭐가 그리 무서운지 목이 터져라 경계음을 쏟아낸다.

멧새는 참새목 멧새과에 속하는 텃새로, 학명은 *Emberiza cioides*, 영어 이름은 Meadow Bunting이며, 제주에서는 '소낭생이'라고 부른다. 몸길이는 16센티미터 정도 되는데 수컷은 전체적으로 갈색을 띠며 흰색의 눈썹선과 검은 색의 턱선이 있고, 아랫배가 흰색이다. 반면 암컷은 수컷에 비해 색이 옅다. 번식기에는 억새 줄기나 풀 줄기를 잡고 지 저귀는 모습을 볼 수 있으며 풀숲 사이 혹은 땅 위에 밥그릇 모양의 둥지를 만든다.

때까치는 참새목 때까치과에 속하는 텃새로, 학명은 *Lanius bucephalus*, 영어 이름은 Bull-headed Shrike다. 몸 길이는 20센티미터 정도 되며, 머리와 옆구리는 갈색, 눈선 은 검정, 눈썹선은 흰색으로 희미하다. 수컷의 경우 등은 회 색, 날개에는 흰 반점이 뚜렷한 반면, 암컷은 몸 전체가 갈 색을 띤다. 부리는 강하지만 다리가 약해 도마뱀이나 메뚜 기 등을 잡으면 찔레 가시나 뾰족한 나뭇가지에 꽂아 죽인 뒤 바로 먹거나 저장했다가 먹는다.

일제강점기가 끝나고 1960년대 목축 산업이 발전하면 서 제주에 목장이 많이 생겨났다. 방목지로 좋은 조건을 갖 춘 한라산 정상과 어승생오름 역시 정상에 소와 말들을 위 한 대표적인 방목지였다. 목축업에서 가장 큰 골칫거리는 진드기인데 고도가 높은 곳은 우선 진드기가 없고 소와 말 을 위한 먹이도 풍부해 최적의 장소였다. 이런 조건 속에서 방목된 소와 말은 조릿대를 밟으며 뛰어다녔고 조릿대가 자 라는 걸 막아 주었다. 하지만 더 이상 방목할 수 없게 되면서 조릿대가 파죽지세로 확산돼 지금에 이르렀다. 국립공원을 지키는 것도 중요하지만 동물과 식물 그리고 사람 모두에게 이로운 방법을 모색하고자 하는 노력이 필요하다.

part 5

various stories

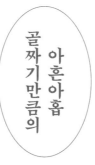

골짜기만큼의 아흔아홉

이야기들

땅이 만들어지고, 식물과 동물 그리고 사람이 어우러져 살아온
이 땅에는 언제나처럼 무수한 이야기들이 얹히고 쌓였다.

수난의 시대

아흔아홉 골짜기만큼의 이야기들
첫 번째

various
01

  어승생오름은 한라산 북서쪽 5킬로미터 지점인 제주시 해안동 산 220-12번지에 위치한 오름이다. 한라산 가까이에 있지만 한라산에 비해 사람들의 출입이 많지 않고, 과거에는 더더욱 드물었기 때문에 자연이 제법 잘 보존돼 있다. 그렇다 보니 자연스레 야생동물들에게 소중한 삶의 터전이 됐다. 어디 야생동물들뿐일까. 어승생오름의 매력을 아는 등산객들의 발길이 최근 몇 년 새 확실히 늘었다. 어승생오름의 매력을 일일이 말하자면 끝도 없는데 하나만 꼽으라고 한다면 풍경이다. 우선 어승생오름 정상에서는 한라산 정상을 지근거리에서 볼 수 있다. 당연한 이야기겠지만 한라산에 직접 오르면서는 한라산 전경을 볼 수 없다. 떨어져서 봐야 보이는 것들이 있는 법이고, 한라산에게 있어 어승생오름이 딱 그 적정거리다. 또한 어승생오름 정상에서는 한라산뿐 아니라 제주 시내와 연안이 한눈에 들어와 그야말로 장관을 이룬다. 이렇게 제주 전체를 내려다볼 수 있다는 건 어승생오름의 최고의 장점이다. 하지만 정작 어승생오름은 이런 이유 때문에 수난을 겪었다. 일제강점기 일본군이 이곳에 요새를 만들어 전쟁에 대비했던 것이다.

  1937년 중일전쟁을 시작으로 확장정책을 이어가던 일본은 1941년 12월 7일 하와이 진주만을 기습 공격하며 태평양전쟁을 개시한다. 이후 남태평양 일대는 물론 동아시아의 여러 국가를 점령하며 일본은 확장일로의 길을 걸었다. 하지만 미국이 참전한 연합군과의 결전은 그리 호락호락하지 않았다. 1944년 사이판 전투에서 패배한 일본은 자신들의 자랑인 해군을 앞세워 필리핀 레이테 만 해전에서 결사항전한다. 그러나 여기서도 대패하면서 사실상 패전을 직감하게 된다. 그럼에도 불구하고 일본은 식민지의 국민들을 강제로 차출해 총알받이로 내세우며 전쟁을 이어갔다.

1945년 2월 9일 일본방위총사령관은 미군과의 본토 결전에 대비해 일곱 개의 방어전선을 만들고 담당 부대를 재편해 육·해군 결전작전을 준비한다. 이른바 '결호작전'이다. 이 결호작전의 핵심은 이기는 것이 아니라 미군에 최대한의 출혈을 내 유리한 항복 조건을 받아내는 것이었다. 일곱 개의 방어전선은 각각 결1호 홋카이도, 결2호 동북부지역인 도호쿠, 결3호 수도권 중심의 간토, 결4호 도카이와 호쿠리쿠, 결5호 서부지역인 간사이·시코쿠·주코쿠, 결6호 규슈 그리고 결7호 제주를 중심으로 한 남한이었다. 결7호가 유일하게 일본 본토가 아닌 제주에 있었다. 전쟁을 일으킨 것은 일본인데 연합군과의 전투를 위해 제주가 전쟁터가 되게 생겼으니 억울한 노릇이 아닐 수 없다.

그리고 드디어 3월 20일 한반도를 관할하던 제17방면군에 '결7호 작전' 준비요강이 하달된다. 그 내용은 8월 이후 미군이 한반도 이남 지역으로 상륙할 것으로 보이니 그 지점을 집중 방어해야 한다는 것이었다. 미군이 만약 제주나 부산 등지에 상륙하게 된다면 일본 본토를 공격할 전략기지가 될 수 있기 때문이었다.

제주는 동북아의 요충지다. 일본이 중국 난징을 침략할 당시 제주의 알뜨르 비행장을 교두보로 활용했듯이 반대로 미군의 손에 제주가 함락된다면 일본 본토가 위험해지는건 당연한 수순이었다. 그래서 일본은 제주 내 일본군을 총괄 지휘하던 제58군사령부 '토리데 부대'에 미군이 절대 상륙할 수 없도록 하라는 명령을 내린 것이다.

명령이 하달되고 한 달 뒤인 4월 20일부터는 일본군들이 제주에 속속 상륙하기 시작했다. 이전까지만 해도 제주에 배치돼 있던 병력은 3,000여 명에 불과했는데 이 작전을 위해 끊임없이 병력을 늘린 탓에 일본이 패전했을 무렵제주에 주둔한 병력은 6만~7만 명에 달해 있었다. 당시 제주 인구가 20만 명 정도였음을 감안하면 열 명 중 세 명은군인이었던 셈이다. 전쟁이 일어나지는 않았지만 이미 제주는 전쟁의 소용돌이에 빠진 듯 전쟁 물자 공출을 위해 고혈을 쥐어짜고 있었다.

이들은 도착 직후 제주시에 위치한 제주농업학교에주둔했다가 1945년 7월 4일에 구축 완료된 진지로 이동

한다. 일본 히로시마에 연합군의 원자폭탄이 투하된 날이 1945년 8월 6일인 점을 감안하면 불과 한 달여 전의 일이다. 만약 일본이 끝까지 항복을 하지 않았다면 제주 역시 쑥대밭이 되었을 것이다. 이렇게 아름다운 제주의 해안 절경과 오름들이 전쟁의 포화에 산산이 부서졌을 상상을 하니절로 몸서리쳐진다.

결7호 작전의 수행을 위해 제96사단 제292연대 및 박격포대가 모슬포에 도착했을 때 그들이 제일 먼저 한 일은 진지 구축을 위해 민간인을 강제 동원하는 것이었다. 영문도 모른 채 소집당해 끌려온 시민들은 비행장 건설과 진지 구축 및 군수품 이동 등에 동원돼 노역을 했다. 그 과정에 인력이 부족하면 육지부에서 소집된 인력을 충당하기도했다. 이렇게 진지 구축을 위해 동원돼 만들어진 부대가 바로 제408특설경비공병대다. 이들은 제주 내 207명과 육지부 71명으로 구성됐다. 주로 안덕면 군산과 당산 등지의 포진지 구축 작업에 투입됐고, 이후 어승생오름으로 이동해 진지 구축 작업을 한 다음, 다시 제주시 오라동으로 이동해 진지 구축 작업에 참여했다. 당시 오등동에 살던 이 모 씨는 노무 동원의 경험에 관해 다음과 같이 증언한다.

"열다섯 살이었는데 아버지가 안 계셔서 대신

노무자로 갔어요. 정뜨르 비행장 함바집에서
생활하는데 말 마치로 군수물품을 운반하는 일을
했어요. 산지 부두에 가서 쌀 두 가마니 싣고
산천단도 가고 관음사도 가고 아흔아홉골도 가고
해십주. 제주 관내는 거의 다 다녔을 겁니다. 쌀이나
군수 물자인데 뭔지는 모르고 박스에 싸 가지고 전부
운반했어요.
한번 나가면 마차가 50대쯤 움직였습니다. 인솔은
일본 군인들이 하고 마차 한 대에 한 명씩 붙었어요.
제일 많이 간 데는 산천단입니다. 다음은 관음사 있고
동굴치라고 하는디도 있어요. 동굴치, 서굴치, 굴치
그곳을 자주 갔어. 산천단보다는 아흔아홉골이
힘들었어요. 명도암에도 잘 갔었는데 어릴 때니까
정확히 어디인지를 모르겠어요. 어승생도 몇 번 갔다
왔어요. 함바집에 50명쯤 살았는데 아침에 일어나면
다 갈라서 각각 갔어요.”

이들이 어디에서 어떤 진지 구축 작업에 동원됐는지
는 <제주도 병력기초배치요도>를 보면 알 수 있다. <제주
도 병력기초배치요도>에서는 제주를 네 개 권역으로 분류
했다. 오름이 밀집한 제주 동부는 '유격진지', 제주 서부는

'주진지'로 설정됐고, 제주 북쪽은 제96사단이, 서귀포를 중심으로 한 남쪽은 제108여단이 각각 주둔했다. 진지 유형은 '위장진지', '전진거점진지', '주저항진지', '복곽진지' 등 네 종류로 나뉬다.

'위장진지'는 적을 헷갈리게 하기 위한 것이고, '전진 거점진지'는 주요 거점이 적에게 뺏기는 것을 막기 위한 것으로 해안가에 인위적으로 만들어진 진지동굴 등이 여기에 해당된다. 드라마 대장금의 마지막 장면 촬영지로 유명한 송악산 해안 진지동굴이 대표적이다. '주저항진지'는 주력을 다해 방어하는 진지로 주력 포병 및 설비시설들이 들어섰다. 마지막 '복곽진지'는 주저항진지가 함락되었을 때를 대비한 최후의 저항 거점인데 어승생오름이 여기에 속한다. 아마 한라산을 배수진치고 장기전에 대비한 방어 작전을 펼치기에 어승생오름만 한 곳이 없다고 판단했을 것이다.

오름 중턱에는 갱도 4개소가, 정상에는 토치카(두꺼운 철근 콘크리트로 단단하게 세운 구조물) 2개소가 설치됐다. 각 요새는 개폐식 지하통로로 연결되어 있고, 이 복곽진지와 산 아래에 있는 진지를 연결하기 위한 병참로(일명 하치마키 도로)가 개설돼 군용 트럭이 통행할 수 있게 했다. 어승생오름의 정상부에는 그때 만들어진 토치카 시설이 여전히 남아 있다.

그림 5.1 어승생오름 정상 진지동굴 입구 ⓒ이니스프리모음재단

내부에서 밖을 관측할 수 있는 구조로 된 이 시설은 구축 당시엔 서로 연결돼 있었지만 지금은 함몰된 상태다. 오름 중턱의 갱도 입구를 통해 들어가면 주 출입통로가 이어진다. 출입통로는 너비 180센티미터, 높이 2미터, 길이 19미터다. 갱도 내부는 여러 갈래로 나뉘고 소형 공간들이 구축돼 있다. 어승생오름 정상부와 연결하기 위한 공사를 하다 만 흔적이 있는 것으로 보아 미완의 상태일 때 전쟁이 끝났던 것으로 보인다.

계획대로라면 7월 말까지 제주의 진지 구축 작업을 완료했어야 했지만 요새화 작업은 60퍼센트 정도에서 멈췄다. 병력과 무기 등의 전력도 오키나와 전투 때의 일본군에 미치지 못했다. 제96사단의 병력 중 70퍼센트가 40세 이상이었고, 장교의 평균 연령 또한 48세였다. 훈련 상태와 전투 역량 축성시설 등 모든 게 열악한 상태였다. 일본의 패전은 진작에 예견되었지만 일본 수뇌부에서 전쟁에 대한 광기를 멈추지 못해 극한으로 치달았다. 가미카제 자살 특공대가 대표적인 예다. 전투기 조종사들을 일회용 폭탄으로 취급하며 자폭하게 했던 사건은 히틀러조차 혀를 내두르게 했다. 살아남은 가미카제 대원들 또한 "그것은 미친 짓이었다."라고 각종 인터뷰 등에서 증언한다.

1945년 8월 15일, 드디어 일왕이 떨리는 목소리로 항복을 선언했고, 이로써 대한민국은 해방을 맞이한다. 결호 작전을 준비하던 모든 활동은 멈췄다. 일본군이 항복하고 떠난 뒤 제주에 온 미군은 어승생오름에 남아 있던 토치카 시설을 폭파하려 하지만 워낙 견고하게 만들어져 실패했고 그 흔적이 지금까지도 어승생오름에 고스란히 남게 됐다.

일본이 전쟁에 패하면서 어승생오름도 안정을 찾는 듯 보였다. 하지만 평화는 그리 오래가지 못했다. 1948년 제주는 역사의 소용돌이에 다시 한번 빠지게 된다. 미군정 시기 혼란한 정세 속에서 제주 4·3사건이 발생한 것이다.

제주 4·3사건은 1948년 4월 3일 발생한 소요사태로 인해 1954년 9월 21일 한라산 금족령이 해제될 때까지 제주에서 발생한 무력 충돌 및 진압 과정에서 주민들이 학살된 사건이다. 당시 저항을 위해 산으로 향한 무장대들은 한라산을 중심으로 한 인근의 산간 지대를 무대로 활동했는데 이는 여러 기록들에서 확인된다. 우선 주한미육군사령부 일일정보보고(G-2) 1948년 6월 15일 기록에 의하면 "어승생오름 인근에서 폭도들의 보급소를 발견"했다고 쓰여 있다. 이 점을 감안하면 4·3사건 발발 초기 무장대들이 어승생오름 인근에서 훈련했음을 추정할 수 있다. 국방경비대 제9연대 고문관 찰스 웨슬로스키Charles L. Weslowsky 의 1948년 7월 21일 보고에도 다음과 같이 적혀 있다.

"약 150여 명의 폭도들이 어승생오름 부근에서

훈련을 하고 있고 폭도들 대다수가 무장하고 있는

노루악의 소규모 폭도들과 연락하고 있다는 것을

방첩대로부터 보고받음."

어승생오름은 무장대들의 근거지가 되기 좋은 환경이었다. 인근에 너른 초지를 이룬 분지가 있었고 일제강점기 일본군의 군단사령부가 미로처럼 진지동굴을 구축해 최후의 거점으로 삼으려 했던 곳이었기 때문이다.

무장대 진압을 위한 무력 충돌은 1954년까지 이어졌고, 이 과정에서 수만 명의 무고한 민간인 희생자가 발생했다. 진압군과 무장대 양쪽 모두에 의해 발생한 희생자들이다. 4·3사건은 제주도민에게 아픈 기억으로 남아 있다. 당시 이 사건으로 아버지를 잃고 어린 나이에 가장이 되어야 했던 유족의 다음과 같은 증언은 그 시절의 상흔을 고스란히 보여 준다.

"아버지가 행방불명이 되자 어머니를 도와 10대부터

가장의 역할을 했습니다. 주 수입원은 땔감을 해서

파는 것이었습니다. 연동에 살았던 터라 인근 오름은

물론 한라산까지 오르내리며 땔감을 했죠. 땔감을

해야 하는 날에는 학교에도 갈 수 없었습니다.

어머니와 누나 모두 새벽부터 나가 땔감을 했습니다.

공부에 욕심이 많았는데 자꾸 학교공부에 뒤처지게

되자 어머니를 설득해 등교를 했습니다. 하지만

하교시간이 되면 일찍 나와 산으로 뛰어야 했습니다.

어머니가 해 놓은 땔감을 등짐으로 지어 날라야 했기

때문입니다. 그러다가도 등록금을 낼 수 없을 지경이

되면 다시 휴학계를 내고 땔감을 하러 다녔습니다."

수탈을 위해 만들어진 숲

아흔아홉 골짜기만큼의 이야기들
두 번째

various
02

수난은 사람만 겪은 게 아니다. 자연도 수탈의 대상이 됐다. 일제강점기 한라산 중턱 이상의 숲속 나무들은 일본으로 이송되거나 전쟁용 백탄을 만드는 숯 제조용 목재로 활용됐고, 어승생오름의 풍부한 물과 숲의 자원은 일본에서 건너온 사업가들의 먹잇감이었다. 8부 능선을 따라 도로를 개설한 것 역시 수탈한 자원들을 손쉽게 이동시키기 위한 목적이었는데 이를 통해 목재와 약초 그리고 표고버섯 등을 실어 날랐다.

하지만 과거 제주는 약 800년간 목장으로 이용돼 85퍼센트가 초지였고, 나무 구하는 일이 쉽지 않았다. 한라산 중턱에 올라서 바라보면 사방의 마을과 바다가 어디든 보였고, 제주 어디에서도 한라산 정상을 볼 수 있었을 만큼 숲이 거의 없었다. 땔감을 구하기 위해서는 한라산 깊은 곳인 어승생오름까지 올라가야 했을 정도로 제주 숲은 빈곤했다. 그런 탓에 바람이라도 세게 불면 흙이 날리고, 거름을 주면 빗물에 씻겨 가는 경우도 많아 내륙에 비해 소득도 없고, 식물도 잘 크지 않았다.

이에 일본은 자원을 더 수탈할 방법에 골몰하기 시작한다. 그 첫 번째 조치가 1911년 기존 삼림법을 폐지하고 조선총독부령으로 삼림령을 공포한 것이다. 이런 조치는 보안림 이용의 제한과 영림에 대한 감독 개간의 금지 및 제한

등 국유림 보호를 명분으로 하고 있었지만 실은 한국인의 벌채를 제한하고 단속을 강화하려는 목적이 더 컸다.

그런 다음 일본은 1922년 한라산 국유림에 해송 10헥타르의 인공 조림을 만드는 조림 사업을 실시한다. 그 당시 식재한 나무는 삼나무, 편백나무, 곰솔나무, 소나무, 일본잎깔나무 등이었는데 생장이 빠르고 나무를 베는 주기가 짧은 속성수라는 공통점이 있었다. 이후 1936년 양묘 현황을 보면 상수리나무 137만 2,000본, 삼나무 3만 5,000본, 곰솔(해송) 2만 6,000본, 편백 5,000본, 가시나무 4,000본, 검양옻나무 3,000본, 동백나무 3,000본으로, 표고버섯 재래의 자목으로 쓰이는 상수리나무를 특히 많이 심은 것을 확인할 수 있다.

어승생오름에 조림된 나무는 대부분 오름 아래쪽에 위치해 있다. 조림수종은 대체로 20~40년 사이에 벌채해서 목재로 사용할 목적으로 식재된다. 하지만 토양이 빈약한 제주에서는 20년 된 나무도 일부만 목재로 활용될 뿐 대부분은 경관상의 목적으로만 사용된다.

조림 사업 때 가장 많이 심은 것으로 알려진 상수리나무는 학명 *Quercus acutissima*, 영어 이름은 Sawtooth Oak이며, 제주에서는 '춤나무'로도 불린다. 집의 기둥 등에 많이 쓰였고, 최근에는 버섯의 자목으로 활용되고 있다. 선흘이나 교래 등 중산간 마을에서는 상수리나무의 열매인 도토리를 활용해 수익을 창출하기도 한다. 그런데 최근 상수리나무 수입이 원활해지면서 더 저렴하게 상수리나무를 구할 수 있게 됨에 따라 제주 상수리나무 효용성이 줄고 있는 게 사실이다. 또한 기후 변화로 인해 숲속에 상록활엽수가 빠른 속도로 늘고 있어서 토양의 깊이가 얕은 지역에 있는 상수리나무 숲은 머지않아 쇠퇴할 것으로 보인다. 화산섬으로 토양이 빈약한 제주는 나무가 자라는 데 많은 어려움이 있다. 한반도 내륙이나 중국 등지에서 자라는 나무보다 생장이 더디다 보니 토양의 깊이가 얕은 지역에서는 50년 된 나무도 키가 10미터를 넘지 못하는 경우가 있다.

상수리나무 다음으로 많이 심었다는 삼나무를 제주에서는 '숙대낭'이라고 부른다. 학명 *Cryptomeria japonica*, 영어 이름 Japanese Cedar인 삼나무는 수고가 30미터 이상 높게 자라며 오름의 사면, 평지, 방풍목 등으로 널리 식재됐는데 지금은 나무가 너무 커서 오히려 바람을 막아 서리를 만드는 등 여러 문제를 낳고 있다. 특히 봄철에는 꽃가루가 많이 나와 알레르기가 있는 사람들에게는 비염이나 가려움증을 유발해 없애야 한다는 얘기까지 나오고는 있는 실정이라 조금 안타깝다. 사실 삼나무는 향기도 있고 곧고 길게 잘 자라는 특징 때문에 주로 건물을 짓는 목재로 쓰인다. 그런데 제주는 토양의 깊이가 얕다 보니 잘 자라지 못해서 목재로서의 가치도 낮은 편이다. 삼나무는 분명 좋은 나무이지만 여러 면에서 제주와는 잘 맞지 않나 싶기도 하다. 그렇다고 영 쓰임새가 없던 건 아니다. 감귤 저장 시설이 미비했던 시절엔 삼나무로 만든 상자에 감귤을 보관했고, 침엽수가 불에 잘 타기 때문에 불쏘시개로도 활용된다.

제주에서 흔히 볼 수 있는 곰솔은 조림 사업 당시 삼나무만큼이나 많이 심은 나무 중 하나다. 제주에서는 곰솔과 소나무를 특별히 구분하지 않고 모두 '소낭', '솔낭' 등으로 부른다. 소나무는 보통 한라산을 기준으로 해발 900미터 이상 지역에서 자란다. 가장 대표적인 소나무림이 바로 영실소나무림인데 한라산 탐방로를 따라 걷다 보면 그 웅장함을 느낄 수 있다. 그 이하 지역에서는 곰솔이 자라며, 곰솔뿐 아니라 리기다소나무, 테다소나무, 리기테다소나무 등도 식재돼 있어 드물지만 숲에서 볼 수 있다. 반면 어승생오름에서는 소나무 한 종만이 관찰되는데 북동쪽 하부에서 삼나무와 함께 군락을 이루고 있으나 면적이 그리 넓은 건 아니다.

학명 *Pinus thunbergii*, 영어 이름 Black Pine인 곰솔은 어승생오름 북사면 아래쪽으로 와서야 볼 수 있다. 곰솔은 대개 주민들이 살고 있는 해발 300미터 이하 지역 햇볕이 잘 드는 초지에서 잘 자란다. 소나무과 나무의 잎에 있는

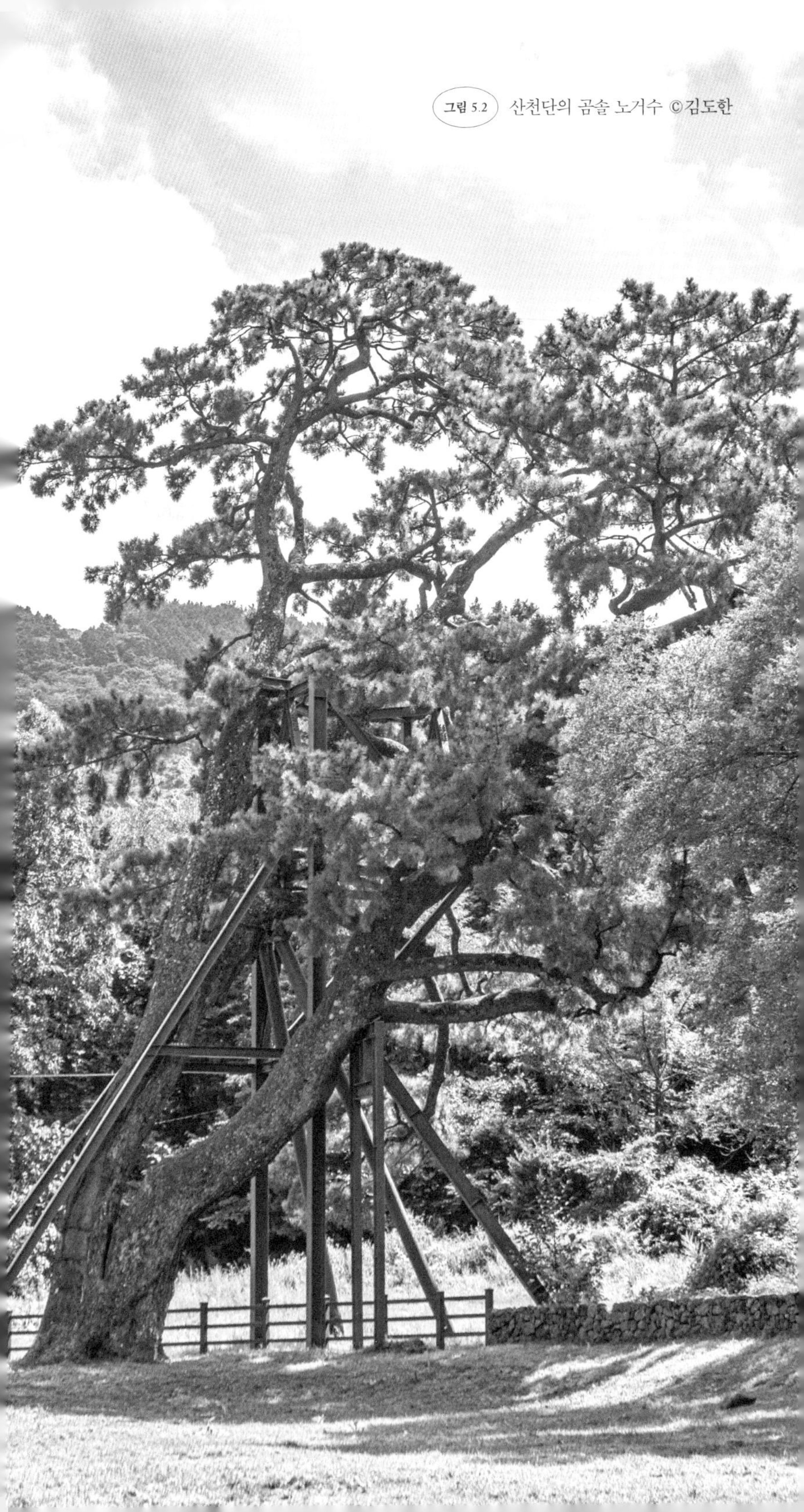

그림 5.2 산천단의 곰솔 노거수 ©김도한

송진이 불을 잘 붙게 하기 때문에 과거에는 땔감으로 유용하게 활용됐다.

　　곰솔과 소나무는 모두 수고가 20미터 이상 자라며 해안가를 따라 강릉까지도 올라가 있다. 다만 곰솔은 내륙에서 잘 살지 못하기 때문에 내륙은 대부분 소나무가 차지하고 있다. 곰솔과 소나무를 구분하기 위해서는 잎을 봐야 한다. 소나무 잎은 곰솔 잎보다 부드럽고 짧은 특징이 있다. 또한 소나무는 나무줄기가 붉은 반면, 곰솔은 나무줄기가 거북이 등딱지처럼 딱딱하고 검은색에 가깝다. 만약 제주에서 곰솔을 제대로 보고 싶다면 산천단의 곰솔 노거수(233쪽)를 추천한다. 천연기념물로 지정 보호되고 있는 데다 접

그림 5.3

곰솔

그림 5.4

소나무

근성도 좋아 곰솔의 멋을 느낄 수 있는 최적의 장소다.

제주에서 '편백낭'이라고 불리는 편백 또한 조림 사업으로 제주에 입성한 나무다. 학명 *Chamaecyparis obtusa*, 영어 이름 Japanese Cypress인 편백은 삼나무보다 성장 속도는 느리지만 수고가 20미터 이상 자라며 좀을 방지하는 방부목에 향기까지 좋다 보니 집 안이나 저장고의 내장재로 활용도가 높아 조림수종으로서의 가치를 인정받고 있다. 특히 요즘은 피톤치드가 많이 나온다고 알려져 산림욕하기에 가장 좋은 나무로도 인기다. 열매가 둥글고 습기를 잡아 주기에 베개에 넣어 두는 등 활용도가 높다. 편백과 삼나무는 제주에 자생하는 수종은 아니지만 속성수이기도 하고, 푸르른 상록수로 보기에도 좋아 제주에 가장 많이 식재돼 있다.

물론 오늘날 우리가 보고 있는 제주의 숲은 일제강점기에 식재된 것보다는 1950년대 이후 녹화 사업으로 식재해 만든 숲이 대부분이다. 지금의 제주에서 숲이 없는 모습을 상상할 수 있을까. 계획하에 심은 나무여도 잘 살아가는 나무가 있는가 하면 그렇지 못한 나무도 있다. 잘 살면서 많은 도움을 줄 수도 있고 그렇지 못할 수도 있다. 근원을 따져 보면 좋은 의도로 심은 나무도 있고 그렇지 않은 것도 있을 것이다. 하지만 이유를 불문하고 살아 있는 한 모든 생명은 소중하다고, 해안을 걷다 곰솔을 올려다보며 생각해 본다.

동물에게도 남겨진 꼬리표

아흔아홉 골짜기만큼의 이야기들
세 번째

various
03

어승생오름에 오를 계획이라면 꼭 가 보라고 추천해 주고 싶은 곳이 하나 있다. 정상도, 산정 분화구도 아닌 동굴이다. 일제강점기에 지어졌다고 알려진 진지동굴 말이다. 진지동굴에서 몇 개 되지 않는 계단을 내려가면 어두운 내부로 이어지는 짧은 통로가 나오고 통로 끝에는 빛이 들어오는 사각형의 구멍이 있다. 하지만 그 빛으로 진지동굴 안을 다 비추기에는 어림도 없다. 휴대전화 플래시를 켜고 뭐가 있나 유심히 들여다보니 길고 다리가 많은 벌레, 이름 모를 딱정벌레가 기어 다닌다. 내부는 어쩐지 음습한 기운이 감돌아 오래 머물고 싶지 않은 곳인지라 얼른 자리를 피하려고 계단 쪽으로 나오는데 폴짝폴짝 무언가 움직인다. 손전등을 비춰 보니 어린 참개구리 한 마리가 손전등 빛에 놀랐는지 가만히 있다가 이내 갈피를 못 잡고 여기 폴짝 저기 폴짝 뛰어다닌다. 손전등 불빛에 사진 몇 컷을 찍고서 되돌아 나왔다. 진지동굴 내부로 내려가는 계단 입구가 풀로 덮여 있어 어린 참개구리가 그쪽으로 들어간 모양이다. 계단이 깊어 보이지만 뜀뛰기를 잘하는 참개구리니 밖으로 빠져나올 수 있을 것이다. 어두운 진지동굴에 있다가 밖으로 나오니 하늘이 참 밝다.

무미목 개구리과에 속하는 양서류인 참개구리의 학명은 *Rana nigromaculata*이고, 영어 이름은 Black-spotted

Pond Frog다. 몸길이는 6~9센티미터에 몸은 옅은 갈색의 바탕에 검은색 얼룩무늬가 있으며 등을 가로지르는 연두색의 가는 줄무늬가 특징이다. 보통은 등의 줄무늬가 세 개이지만 개체에 따라 두 개인 경우도 있어서 금개구리와 혼동되기도 한다. 몸 색깔은 개체에 따라 변이가 심해서 녹색, 갈색, 연한 회갈색, 노란색 등 다양하다. 참개구리의 주식은 곤충과 지렁이다. 산란시기는 좀 늦은 편인데 알 덩어리의 크기는 약 30센티미터 정도이고, 그 속에 약 3,000개의 알이 들어 있으며, 접착성이 없어 다른 물체에 붙지는 않고 물속에 가만히 잠겨 있다.

사실 진지동굴 하면 떠오르는 새가 있다. 바로 긴꼬리딱새다. 긴꼬리딱새의 옛날 이름은 '삼광조'였는데 이 이름은 일본과 관련이 있다. '삼광三光'은 세 가지 빛이라는 뜻으로, 여기서 세 가지 빛이란 해와 달과 별을 말한다. 일본어로 해日는 '히ひ', 달月은 '쓰키つき', 별星은 '호시ほし'인데 긴꼬리딱새의 우는 소리가 '히요이 호이호이호이', 즉 일본어의 해달별 발음소리와 비슷하게 들린다고 해서 '삼광조'라는 이름이 붙은 것이니 일본의 잔재라고 할 수 있다. 마치 어승생오름의 진지동굴이 일본의 잔재로 남아 있는 것처럼 말이다.

긴꼬리딱새는 참새목 긴꼬리딱새과의 새로, 학명은

*Terpsiphone atrocaudata*이고 영어 이름은 Black Paradise Flycatcher다. 몸길이는 수컷과 암컷이 다른데 수컷은 48센티미터이고 암컷은 19센티미터다. 수컷의 몸통은 암컷과 비슷하나 꼬리길이가 몸통보다 길다. 형광 빛이 나는 푸른색의 눈 테와 부리가 특징적이다. 뒷머리에는 짧은 댕기깃이 있으며, 머리는 광택이 나는 검은색이다. Y자 형의 가는 가지나 넝쿨 사이에 이끼와 거미줄로 둥지를 만든다. 주로 숲의 중간층과 꼭대기층에서 날면서 모기나 나방 같은 먹이를 찾는다. 제주에서는 계곡과 곶자왈을 중심으로 서식한다.

긴꼬리딱새는 날면서 먹이를 낚아채는 습성 때문에 빽빽한 숲보다는 어느 정도 개방된 숲을 좋아한다. 어승생오름은 중간층이 빈약하기 때문에 날면서 먹이를 잡기에 좋은 조건을 갖고 있다. 하지만 아래는 조릿대로 덮여 있어 먹이가 될 만한 곤충이 그리 많지 않다. 긴꼬리딱새는 어승생오름 탐방로에서는 관찰되지 않고 아흔아홉골 인근 계곡에서 번식한 개체가 관찰된 기록이 있다. 계곡은 조릿대가 아직 퍼지지 않았고 먹이가 될 만한 곤충이 많아 날면서 먹이를 낚아챌 수 있는 개방적인 구조이다 보니 서식하기에 제법 괜찮은 모양이다. 어승생오름에도 아직 조릿대가 확산되지 않은 곳은 긴꼬리딱새가 서식하기에 나쁘지 않지만 조릿대가 워낙 생존력이 강하고 확산 속도가 빠르다 보니 언제 어승생오름 전역을 뒤덮을지 몰라 긴꼬리딱새에겐 큰 변수다.

어승생오름에는 일본과 관련된 새가 하나 더 있다. 바로 붉은해오라기다. 붉은해오라기는 황새목 백로과의 새로, 학명은 *Gorsachius goisagi*, 영어 이름은 Japanese Night Heron이다. 몸길이는 49센티미터이고 암수 몸 색깔이 같다. 몸 전체가 붉은빛이 도는 갈색이고 날개에 굵은 검은색의 띠가 있다. 숲속 땅 위나 습지 주변을 돌아다니며 달팽이, 지렁이, 곤충을 잡아먹는다.

원래 붉은해오라기는 일본에서만 번식하는 새로 알려져 있으며, 번식지가 제한돼 있고 서식 공간도 동아시아에 국한돼 국제적인 멸종위기종이기도 하다. 그간 제주에는 봄과 가을 이동시기에 잠시 머무는 나그네새로 인식됐던 붉은해오라기가 최근 제주에서 번식한 것으로 확인됐다. 제주가 국제적 멸종위기종의 또 다른 번식지가 된 셈이다. 붉은해오라기의 둥지가 공식적으로 확인된 건 2009년과 2019년으로 모두 계곡 내 키 큰 나무에서였다. 어승생오름에서 관찰된 붉은해오라기 또한 여름에 관찰된 것으로 보아 어승생오름에서도 번식했을 가능성이 있다고 보고 있다. 어승생오름을 비롯한 제주의 계곡들은 붉은해오라기의 번식지로서 국제적으로 가치가 있다. 우리가 더욱 어승생오름과 제주의 자연에 대해 알고 관심을 가져야 하는 이유다.

　　일제강점기는 우리의 가장 비극적인 역사 중 하나다. 이 시기로부터 자유로울 수 있던 지역은 대한민국 어디에도 없다. 그건 제주 역시 마찬가지다. 군사 무대가 되기도 했고, 수탈을 위해 나무가 심어지고, 일본의 잔재가 이름에 남은 동물도 산다. 그 흔적이 어승생오름 곳곳에도 그대로 남아 있다. 이 모든 걸 없애고 지워 버리고 나면 그 시절이 사라질까? 그렇지 않다. 비극적인 역사는 역사대로 기억해야 하고, 자연은 또 자연대로 살아가야 한다. 일본에만 서식하던 멸종희귀종이 새로이 제주에 자리를 잡고 살아가듯 시대의 변화에 따라 우리도 그렇게 살아왔고 또 앞으로도 살아갈 것이다.

인간과 자연은
계속 연대할 수 있을까

아흔아홉 골짜기만큼의 이야기들
네 번째

various
04

사면이 바다인 섬 제주가 한때 물 부족에 허덕였다면 믿을 수 있을까. 심지어 제주에는 강수량도 많다. 하지만 물 빠짐이 큰 다공질의 화산암과 화산회토로 이루어진 탓에 연중 흐르는 강물이나 내천이 없던 제주는 물 부족이 심각한 수준이었다. 이에 주민이 물허벅을 이고 물을 길어 나르는 것이 하루 일과의 큰 부분이었고, 여성들의 고된 노동 중 하나였다.

그러던 중 1965년 제주를 방문했던 박정희 대통령이 제주의 물 부족이 심각하다는 이야기를 듣고 저수지 개발을 지시한다. 그렇게 1966년 2월 저수지 개발계획이 수립됐다. 그 대상지는 어승생오름, 아흔아홉골, 영실, 성판악, 발이악 등 한라산 지경 다섯 곳이었다. 뒤이어 3월에는 어승생오름의 하루 물 용출량 5만 톤과 아흔아홉골의 하루 물 용출량 3,000톤을 모아 출력 600kW의 수력발전을 계획한다. 동시에 제주시와 애월읍 중산간의 수자원 공급 계획도 세워졌다. 여기에는 한국전력, 건설부, 농림부 등이 참여하여 의욕을 보였다.

1966년 6월 다시 제주를 찾은 박정희 대통령은 '제주도 수자원 개발 기본구상도'를 직접 스케치하고 고지대의 수자원 개발을 주문하는데 이때 낙점된 곳이 어승생오름이다. 용출량이 많고 깨끗한 수질이 인정된 덕이다.

　　이후 개발 사업이 본격적으로 진행되면서 계곡에 둑을 쌓아 수원을 모으는 취수원 시설과, 취수원에서 저수지까지 물을 공급하는 도수로 공사, 그리고 물을 채울 수 있는 저수지 댐 공사, 저수지에서 각 지선으로 연결하기 위한 48 킬로미터의 송수관로 공사, 226킬로미터에 이르는 지선관로 공사가 각각 나누어 추진됐다.

　　그리고 드디어 1967년 4월 20일 어승생저수지 건설을 위한 기공식이 열린다. 자연유하식 도수로를 통해 2만 7,000여 제곱미터 규모의 저수지로 용수를 끌어들여 48.17 킬로미터에 이르는 송수관과 16개 지선을 통해 다시 공급하는, 당시 돈으로 비용 10억 2,000만 원이라는 막대한 공사비가 투입된 사업이었다. 여기까지만 해도 아무 문제 없이 진행되고 있던 사업에 균열이 생기기 시작한다. 대형 공사를 실시 설계 없이 서둘러 진행한 게 화근이었다.

　　1967년 5월 3일, 대선을 치르기에 앞서 성과를 보여줘야 했던 정부는 실시 설계보다 기공식을 먼저 진행했고, 실시 설계는 그로부터 8개월이나 지난 12월이 돼서야 시행한다. 이 과정에서 본래 37만 톤 규모였던 계획은 10만 톤으로 축소된다.

　　건설공사는 건설부가 주도해 삼부토건이 맡았고 주요 기술은 일본공영에서 참여했다. 그런데 1968년 6월 국토건설단이 어승생저수지 사업에 참여한다는 소식을 들은 제주 도민 사회가 술렁이기 시작했다. 국토건설단은 5·16군사쿠데타 직후 검거된 폭력배 등으로 구성된 사람들이었기 때문이다. 도둑과 거지가 없기로 유명한 제주에 이들이 들어와서 범죄를 일으킬 것이라는 불안으로 도민 사회의 큰 저항이 생긴 것이다.

　이런 저항에도 불구하고 6월 24일 부산을 통해 국토건설단 소속 171명이 제주에 들어왔고, 여기에 제주에서 차출된 39명이 더해져 착공을 위한 1진이 210명으로 구성된다. 이들은 어승생 공사장 주변에 천막 막사를 지어 거주했다. 이후 7월까지 2진, 3진이 도착하며 총 인원은 510명이 됐다. 댐 공사가 막바지에 다다르자 더 이상 할 일이 없어진 이들은 소위 5·16도로라 불리는 제2횡단도로건설사업에 투입된다. 하지만 이마저도 오래가지 못했다. 탈주와 폭력 등 충돌로 인한 각종 사건사고가 끊이지 않자 도민 사회 여론이 악화돼 결국 4개월 만에 해체된 것이다.

　당초 5개년 계획이었던 어승생저수지 건설 공사는 2년으로 단축됐다. 그렇게 1969년 10월 첫 지선 통수식이 열렸고, 드디어 송수관을 통해 지선으로 흘러간 물이 마을에 도달할 수 있게 됐다. 그동안 물 부족에 시달렸던 중산간 마을의 주민들은 기쁨의 환호를 질렀다. 새벽마다 물을 길어오는 게 첫 일과였던 여성들에게는 혁명 같은 일이었다.

그러나 기뻐하기엔 일렀다. 1970년 8월, 준공식을 하루 앞두고 태풍이 부는 바람에 저수지가 함몰되고 만 것이다. 다시 복구를 하고 시험 가동을 했으나 이 역시 붕괴됐다. 이에 1971년 복구대책위원회를 구성하고 서울대학교와 일본 도쿄대학교의 지질학자들로부터 자문을 얻어서 보강 공사에 나섰다. 당시 우리 기술로는 역부족이었기 때문에 일본 기술진의 도움을 받을 수밖에 없었고 이를 통해 드디어 1971년 10월 저수지가 완공된다. 최대 10만 6,000톤의 저수지와 7.6킬로미터의 도수로, 48.17킬로미터의 송수관로, 267킬로미터의 16개 지선을 통해 67개의 중산간 마을과 공동 목장 등에 물을 공급할 수 있게 된 것이다. 총 12억 원의 비용과 4년 7개월의 기간에 달성한 성과였다.

힘든 과정을 거쳤지만 결국 물 부족도 해결하고, 한결 편리한 생활이 가능해졌으니 참 다행인 일이다. 때로는 인간의 생존을 위해 필수불가결하게 자연을 훼손, 이용하는 선택을 해야 하는 때도 있다.

하지만 최근에는 단순히 즐거움을 위해 자연을 훼손코자 하는 사례들도 생겨난다. 1997년 한라산국립공원에는 어승생오름에서 족은두레왓 정상까지 로프웨어(케이블카) 설치 계획을 갖고 있었다. 어승생오름 정상에서 족은두레왓 정상까지의 거리는 3킬로미터다. 이 계획은 결국 무산됐지만 앞으로도 이와 같은 한라산 개발에 대한 요구는 지속적으로 제기될 것이다. 개발이 무조건 나쁘다고 할 수만도 좋다고 할 수만도 없다. 다만 자연과 인간 모두에게 좋은 일이 무엇인지 오래 숙고하고, 현명하게 판단해야 할 것이다.

오늘도 어승생오름 입구에는 등산객들로 북적인다. 기대에 찬 얼굴로 환하게 웃으며 함께 등산할 사람들과 도란도란 이야기를 나누는 모습이다. 몇 시간 뒤면 이들은 어승생오름 정상에서 환희에 찬 표정으로 눈앞의 광경을 바라볼 것이고, 또다시 이곳으로 내려와 오늘 하루가 얼마나 의미 있고 즐거웠는지에 대해 이야기를 나눌 것이다. 앞에서 우리는 자연은 언제나 그 자리에 있는 듯하지만 한편으로는 그렇지 않을 수 있음을 확인했다. 어승생오름도 우리도 이런 일상의 풍경을 앞으로 두고두고 오래도록 볼 수 있으면 좋겠다.

그림 5.5 어승생오름과 주변 저수지 ©임재영

epilogue

에필로그

안웅산(지질학자) 겁을 주려고 하는 이야기는 아니다. 화산 학적 관점에서 제주 화산섬은 1만 년 이내 화산 분출이 있었 던 활화산 지대로 분류된다. 제주 어디서나 보이는 한라산, 그리고 그 주변의 오름들. 이 모든 것들이 과거 화산 활동의 흔적이다. 지금까지 제주에 있는 360여 개 오름 중 그 형성 과정이 밝혀진 오름은 해안에 있는 몇몇 오름들뿐이다.

　　제주의 모든 오름을 하나하나 살펴보는 게 그리 쉬운 일은 아니다. 그래도 제주의 오름, 그중에서도 어떤 오름 하 나쯤은 꼼꼼히 그리고 자세히 살펴보고 싶었다. 그래서 우 리는 오름들 가운데 제주인의 삶과 가장 가까이 있으면서도 제주의 화산 활동 그리고 주변의 자연환경까지 살펴볼 수 있는 오름을 찾기로 했다. 제주를 대표할 만한 오름을 정하 기 위한 회의 자리에서 모두가 가리킨 오름이 어승생오름이 다. 지질, 식물, 동물, 인문 모든 분야에서 제주의 오름을 가 장 잘 보여 줄 수 있는 오름이라는 것에 모두가 공감했다.

　　어승생오름은 제주의 오름 중 규모 면에서도 세 손가 락 안에 꼽힐 만큼 크다. 그리고 규모만큼이나 다양한 암석 들이 분포한다. 우린 어승생오름을 통해 오름이 만들어지는 과정을 살펴보았고, 시기를 달리하는 두 번의 화산 활동으 로 형성됐다는 것도 새로이 확인했다. 거기에 아흔아홉골, 큰두레왓, 족은두레왓 등 주변 오름들의 형성 순서도 알 수 있었다. 이런 결과는 우리에게 큰 희망을 주었다. 관심을 갖고 살펴보면 알 수 있다는 희망 말이다. 어쩌면 360여 개의 오름들과 제주가 만들어진 과정도 밝혀 나갈 수 있으리라는 그런 희망 말이다.

오름을 통해 알게 된 과거 화산 활동에 관한 지식은 미래에 혹시 있을지 모를 화산 활동을 예측하고 대비하는 든든한 토대가 될 것이다. 더불어 어승생오름에서 우리가 발견한 작은 이야기들이 제주의 오름을 아끼고 사랑하는 많은 사람들에게 즐거움으로 다가갈 수 있길 바라 본다.

송관필(**식물학자**) 사실 그동안 특별한 몇몇 오름을 제외하고는 오름들에 대한 조사가 거의 이루어지지 않았었다. 그렇다 보니 어떤 오름을 어떻게 조사할지에 대해 고민이 많았다. 어승생오름을 첫 번째 오름으로 정하게 된 건 우선 규모가 크고 훼손이 덜 된 곳이면서도 사람들이 찾기 쉬운 곳이라 우리가 쌓은 자료들이 많은 이들에게 도움이 될 수 있으리라는 기대에서였다.

어승생오름은 애월, 한경 등 꽤 멀리서도 그 웅장함을 느낄 수 있을 만큼 큰 오름이자 탐방로가 개설되면서 찾는 이들도 많아진 곳이다. 어리목코스에서 한라산을 오르기 어려울 때, 또는 가볍게 한라산을 오르고 싶을 때 찾기도 하고, 연평균 기온이 10도 정도로 바닷가보다 시원해 한여름 피서를 즐기기 위해서도 자주 찾는다.

사람들이 자주 찾는 건 분명 반가운 일이지만 문제도 있다. 사람들의 출입이 늘면서 정상부에 훼손이 발생했고, 훼손한 곳에는 어디서 왔는지 오리새나 큰김의털 등 외래 식물들이 들어와 어승생오름에 이런저런 변화가 생기고 있는 것이다. 어승생오름뿐 아니라 사람들이 많이 찾는 오름 대부분이 비슷한 상황이라 휴식년제를 실시하는 곳도 있을 정도로 심각한 문제라니 오름을 찾는 사람들의 세심한 주의가 필요하다.

그런 의미에서 오름에 대한 이 책이 사람들에게 오름을 더 아끼고 사랑하게 하는 계기가 된다면 더할 나위 없이 좋겠다. 또한 이번 조사에서 만들어진 다양한 자료가 이 책을 기점으로 대중에게 널리 알려지고, 앞으로 다른 오름들에 대한 관심과 조사로 확장되어 갈 수 있길 희망한다.

김은미(동물학자)　고백하건대 나조차도 어승생오름을 한라산 어리목 탐방안내소 옆에 입구가 있는 오름 정도로만 생각했었다. 탐방로를 따라 정상에 오르면 큰부리까마귀가 반갑게 맞아주는 곳, 정상에서 보았던 일제강점기 진지동굴 정도가 머리에 떠오르는 그런 곳이었다. 여느 오름들처

럼 이따금 한번씩 오르던 평범한 오름이었다. 하지만 지금
은 아니다. 홀로 사계절을 바라보며 오르던 그 탐방로를 다
양한 분야에서 활동하는 분들과 함께 오르고, 아무나 들어
가지 못하는 숲을 헤매고, 계곡 이끼에 미끄러지고, 빨간 열
매가 달린 산삼을 처음 보면서 마음 한구석에 어승생오름에
대한 경이로움이 싹트기 시작했다.

　　이제 겨우 어승생오름만을 그저 1년 동안, 아니 사계
절 올랐을 뿐인데 오름에 대한 내 생각이 너무 단순했던 듯
하다. 어승생오름에 어승생오름만의 이야기가 있듯 제주의
다른 오름들에도 그 오름만의 이야기가 있을 것이다. 어승
생오름은 제주 오름의 다양한 이야기를 풀어낼 첫 관문인
셈이다.

조미영(여행작가)　　산책하듯 가벼운 발걸음으로 따라 나섰
다. 평소 어승생오름을 자주 올랐기 때문에 가벼이 생각했
다. 그러나 조사단의 발길이 등산로를 벗어나는 순간, 앗!
비탈진 경사의 발밑엔 송이가 밟혀 미끄럽고, 이끼를 머금
은 계곡은 분주히 물살을 만들어 냈다. 뿌연 안개비까지 내
려 눈앞을 가로막으니 허우적거리며 걷게 된다. 미로 같은
숲을 빠져나와 도로에 다다르니 언제 그랬냐는 듯 햇살이
한 가닥 내리쬔다. 마치 SF 영화의 한 장면처럼 순간 이동

이라도 한 기분이었다.

　　그동안 내가 보아 온 어승생오름은 무엇이었을까? 한라산과 마주한 탓에 그저 부속품처럼 여겼을 뿐 그 속내를 들여다보기나 했던가? 아니 궁금해하기나 했던가? 자문하게 됐다. 잘 단장된 등산로에서 보아 온 건 극히 일부의 모습이었다. 아쉽게도 기록조차 많지 않았다. 우리가 늘 보아 온 것과 다른 오름의 속내가 있듯 오름이 품고 있는 이야기는 훨씬 더 많았으리라. 몇 만 년 동안 산을 이루고 씨앗을 받아 키워 내고 그를 의지해 살아온 동물과 사람들의 사연은 무수했으리라. 하지만 어떤 사실도 누군가 기억해 주지 않으면 사라져 버린다. 더 많은 사람들이 어승생오름을 기억해 주었으면 하는 바람으로 이 기록을 얹는다.

야생의 숨결이 살아 있는
어승생오름

임재영 동아일보 기자

postface

'제주사람들은 오름에서 나고 자라서, 오름으로 돌아간다'는 이야기가 전해진다. 제주 곳곳에 있는 오름에 의지해서 생활하다 결국에는 오름에 묻힌다는 뜻이다.

한라산과 더불어 오름은 제주 지역의 대표적인 경관자원으로 지역 주민은 물론, 관광객들에게 탐방 장소로 커다란 인기를 끌면서 일부는 명소로 자리를 잡았다.

오름은 야생동물, 식물의 서식처로 제주 지역 생태계 균형을 잡아 주는 역할을 하고 있으며 '화산학의 교과서'라고 불릴 정도로 화산 분출의 과정을 지상에 보여 주는 기능도 하고 있다. 오름은 또한 제주 사람들에게 삶의 터전이자 피난처, 기원을 위한 성소聖所이자 놀이공간이기도 했다.

고문헌에는 오름을 악岳, 산山 등으로 표기했는데, 제주 사람들은 '악을 오로옴吾老音, 올음兀音이라 부른다'고 했다. 오름을 음차 표기한 것이다. 일제강점기인 1937년 한 신문 기사에서는 '350개소는 화산이 분출할 때 생긴 것으로 이 지방 도민들은 이를 오름이라고 부르며 산이라고 아니한다'고 적고 있다. 이런 내용을 감안하면 오름은 민초들의 언어였던 것으로 보인다.

이들 오름을 바라보는 조선시대 선비들의 시선은 다소 갈린다. 육지의 산맥처럼 이어지지 않고 독립적으로 솟아 있는 모습이 생경했기 때문이다. 조선 중기 성리학자 김정(1486~1521년)은 유배생활을 기록한 《제주풍토록》에서 '구릉은 있되 모두 홀로 떨어져 기울어져 있다. 둘러 휘감는 형세는 없고 오직 거대한 산이 활모양처럼 가운데 솟아 있어 눈에 거슬릴 따름이다'고 표현했다. 이에 비해 제주목사를 지낸 이형상(1653~1733년)은 '산들이 별처럼 여기저기 벌리어져 있으니 온 섬을 들어 이름을 붙였다면 연잎 위에 이슬 구슬 형태라 하겠다'고 오름을 바라봤다.

〈대동여지도〉, 〈제주삼읍도총지도〉 등 일부 고지도에서는 오름을 지맥처럼 표시했다. 풍수지리적 시각을 보여준 것이다. 제주 지역 풍수에서는 한라산은 모체이고 오름은 지맥을 잇는 도체導體 역할을 하는 것으로 보고 있다. 오름은 거센 바람과 재난으로부터 보호하는 진산이자 살풍殺風을 안정시키고 허한 자세를 보완해 주는 역할은 한다는 것이다.

오름에 대한 대중의 관심이 높아진 것은 김종철 선생의 《오름나그네》 1·2·3권 출간(1995년)이 견인차 역할을 했다. 이후 본격적으로 오름 탐방이 줄을 이었고 관련 서적도 출간됐다. 아쉬운 점은 오름에 대한 탐방로 안내나 지명 유래, 간단한 자생식물 소개 정도에 그쳤다는 것이다.

이번에 펴낸 《어승생오름, 자연을 걷다》는 하나의 오름에 대해 자연과학과 인문학적 관점에서 구체적이고 세부적인 내용을 알차게 담았다.

섬과 오름의 탄생에서는 생소하고 딱딱한 용어를 쉽게 풀어 나갔다. 나이테에 비유한 돌의 일생 등은 마치 한 편의 드라마처럼 여겨진다. 지질학적 여정과 인문학적 관점의 만남을 전개하면서 어승생오름과 화산섬 제주의 형성 과정을 맛나게 보여 줬다. 오름이 만들어진 연구 과정도 깔끔하게 정리했다. 동북동, 남서남 방향으로 오름이 많이 분포한 이유를 규명한 내용도 돋보인다.

어승생오름에 의지해 살아가는 동물과 식물 이야기는 재미를 선사한다. 보통 식물도감에서는 개화, 결실, 모양 등을 설명하고 동물도감에서는 몸길이, 서식지, 수명 등의 정보를 알려 준다. 무미건조하고 기억하기도 쉽지 않다.

이 책은 상호작용과 과정에 중점을 두고, 생태계의 순환을 탐색하는 관찰자의 시선으로 글을 이어간다. 두릅나무, 섬개벚나무 등이 주변 환경에 어떻게 적응하며 살아가는지를 실감나게 설명한다. 나무, 열매와 연결된 새, 사람과의 이야기가 꼬리에 꼬리를 물면서 생태계의 속살을 드러낸다. 동물과 식물, 자연과 사람, 어승생오름과 사람의 경계를 구분하지 않고 공생과 공존의 연결 관계 속에서 바라보고 서술한 부분은 호평을 받을 만하다.

어승생오름에 얽힌 일제강점기 진지동굴과 토치카,

제주 4·3사건으로 연결된 아픔은 향후 오름의 스토리텔링에 상당한 시사점을 준다. 사냥의 역사를 통한 오름 이야기와 일제강점기의 자원 수탈, 해방 이후 수자원 개발 등에 대한 부분은 인문학적 접근을 위한 입문 역할도 수행했다.

또한 해발 900미터 이상에 분포하는 한라산 고지대 오름 가운데 개별 오름에 대한 지질과 동식물상에 대한 조사와 해석을 함으로써 귀중한 자료로서의 가치도 담고 있다. 개별 오름에 초점을 맞춰 다양한 면모를 보여 준 첫 번째 책이다.

오름은 제주 사람들의 생과 사, 종교, 생업, 군사유적 등 많은 이야기를 품고 있다. 오름의 정체성을 밝히면서 가치를 조명하는 두 번째, 세 번째 책이 이어지길 기대해 본다.

⁂ 참고문헌 ⁂

강창완·강희만·김병수·김은미·송인혁·지남준, 2017, 《제주야생동물도감》, 제주특별자치도·제주야생동물연구센터

강창룡, 2004, <문헌과 자료로 본 상서로운 산의 위치에 관한 고찰>, 《제주문화재연구》, 2, pp.131-150

고기원·김범훈·박준범·손영관·윤석훈·문덕철, 2021, 《한라산 총서-한라산의 지형과 지질》, p.333

고기원·박준범·강봉래·김기표·문덕철, 2013, <제주도의 화산활동>, 《지질학회지》, 49, pp.209-230

고정군·강정효·오희삼, 2006, 《한라산총서Ⅵ-한라산의 등반·개발사》

국립수목원, 2013, 《한국의 민속식물-전통지식과 이동》, 국립수목원, p.1276

김은미·강창완·원현규·송국만·오미래, 2015, <제주도에서 종자산포자로서 직박구리가 섭식하는 열매 현황>, 《한국환경복원기술학회지》, 18(1), pp.53-69

김은미·강창완·이성연·송국만·원현규, 2016, <제주도에서 나무의 열매와 종자를 섭식하는 조류와 관련 수종 현황>, 《한국환경과학회지》, 25(5), pp.635-644

김지은, 2000, <노루(Carpreolus capreolus bedfordi)가 선호하는 한라산 자생식물 조사>, 제주대학교 대학원 석사논문

농업진흥공사, 1971, 《제주도 지하수 보고서》, p.381

박기화·안주성·기원서·박원배, 2006, 《제주도 지질여행》, 한국지질자원연구원·제주발전연구원, p.183

박기화·이병주·조등룡·김정찬·이승렬·김유봉·최현일·황재하·송교영·최범영·조병욱, 1998,《제주·애월 지질보고서》, 제주도, p.290

안웅산, 2016, <고문헌에 기록된 제주도 최후기 화산활동에 관한 연구>,《암석학회지》, 25, pp.69-83

안웅산·손영관·강순석·전용문·최형순, 2015, <제주도 곶자왈 형성의 주요 원인>,《지질학회지》, 51, pp.1-19

안웅산·전용문·기진석·김기표·고수연·이병철·정차연, 2017, <야외지질학적 관찰을 통한 제주도 지하수 모델 제안>,《지질학회지》, 53(2), pp.347-360

안웅산·홍세선, 2017, <제주도 한라산 백록담 일대의 화산활동사>,《암석학회지》, 26, pp.221-234

양송남, 2010,《양송남의 40년 지기, 한라산 이야기》

양치식물연구회, 2005,《한국양치식물도감》, 지오북, p.399

오창명, 2006,《한라산총서Ⅴ-한라산의 구비전승 지명 풍수》

윤명희·한상훈·오홍식·김장근, 2004,《한국의 포유동물》, 동방미디어

이영노, 2006,《한국식물도감Ⅰ》, 교학사, p.974

이우철, 1996.《참나무과. 한국식물명고》, 아카데미서적, pp.169-181

이정현·윤성효, 2012, <제주도에 분포하는 제4기 단성화산체의 화산형태학적 분석>,《지질학회지》, 48(5), pp.383-400

이진영·김진철·박준범·홍세선·임재수·최한우, 2014, <제주도 상창리 제4기 퇴적층 연대와 화산활동>,《지질학회지》, 50, pp.697-706

이진영·홍세선·최한우·남욱현·임재수·김진철·카츠키 코우타, 2014,《제주도 화산활동에서 제4기 퇴적층의 지질학적 해석 예비 연구》, 한국지질자원연구원, p.145

이창복, 1980,《대한식물도감》, 향문사, p.990

조성윤, 2008,《일제하 제주도 주둔 일본군 군사유적지》, 제주대학교 탐라문화연구소

"제주 외래동물 멧돼지 급속히 번식", 2011년 2월 23일, 연합뉴스

제주역사문화진흥원, 2011, 《제주도 일제 군사시설 전수 실태조사》, 제주도

한국양서파충류학회, 2020, "우리나라 양서류 종 목록 3차 개정", 한국양서
파충류학회(http://krsh.co.kr)

해안동지2018편찬위원회, 2018, 《해안동지》, 해안동마을회

홍성천·변수현·김삼식, 1987, 《원색한국식물도감》, 감명사, 계명사, p.300

홍세선·이춘오·임재수·이진영·안웅산, 2021, <한라산 천연보호구역 소화산
들의 화산활동 기록>, 《자원환경지질》, 54, pp.1-19

Ahn, U. S., Koh, D. C., Heo, J., Cho, B. W., Kim, T., and Yum, B.
W., 2021, "Conceptualizing a multi‐layered shingle aquifer model
based on volcanic stratigraphy and water inflow to lava caves in Jeju
Island, Korea", Hydrological Processes, 35(8), e14316

Aveni, A., 1989, Empiresoftime, Calendars, Clocks, and Cultures,
NewYork[최광열, 2007, 《시간의 문화사: 달력, 시계 그리고 문명
이야기》, 북로드, p.576]

Brenna, M., Cronin, S., Kereszturi, G., Sohn, Y., Smith, I. M. and
Wijbrans, J., 2015, "Intraplate volcanism influenced by distal sub-
duction tectonics at Jeju Island, Republic of Korea", Bullet in of
volcanology, 77(1), pp.1-16

Brenna, M., Cronin, S.J., Smith, I. E. M., Sohn, Y. K. and Maas, R.,
2012, "Spatio-temporal evolution of a dispersed magmatic system
and its implications for volcano growth, Jeju Island Volcanic Field,
Korea", Lithos, 148, pp.337-352

Edmonds, M., Cashman, K. V., Holness, M., and Jackson, M., 2019,
"Architecture and dynamics of magma reservoirs", Philosophical
Transactions of the Royal Society A, 377(2139), 20180298

Haraguchi, K., 1931, "Geology of Jeju Island", Bullet in on the geological survey of Chosen(Korea), 10, pp.1–34(in Japanese)

Hazlett, R. W., and Hyndman, D. W., 1996, Roadside Geology of Hawaii, p.304

Heliker, C. C., Swanson, D. A., and Takahashi, T. J., 2003, "The Puu Oo-Kupaianaha Eruption of Kilauea Volcano, Hawaii: The first 20 years", United State Geological Survey Professional Paper, 1676, p.206

Kim, J. I., Choi, S. H., Koh, G. W., Park, J. B., and Ryu, J. S., 2019, "Petrogenesis and mantle source characteristics of volcanic rocks on Jeju Island, South Korea", Lithos, 326, pp.476–490

Kornprobst, J., and Laverne, C., 2006, Living Mountains: How and Why Volcanoes Erupt, p.99

Lee, S. J., Kim, S., Rhie, J., Kang, T. S., and Kim, Y., 2021, "Upper crustal shear wave velocity and radial anisotropy beneath Jeju Island volcanoes from ambient noise tomography", Geophysical Journal International, 225(2), pp.1332–1348

Marsden, R. C., Danišík, M., San Ahn, U., Friedrichs, B., Schmitt, A. K., Kirkland, C. L., and Evans, N. J., 2021, "Zircon double-dating of Quaternary eruptions on Jeju Island, South Korea", Journal of Volcanology and Geothermal Research, 410, pp.107–171

Sigurdsson, H., Houghton, B., McNutt, S., Rymer, H. and Stix, J., 2000, Encyclopedia of volcanoes, ACADEMICPRESS, p.1417